Post Script Level 2

griffbereit

Wilfried Söker

Eine vollständige
Befehlsübersicht
über die aktuelle Version

Die Deutsche Bibliothek - CIP-Einheitsaufnahme

Söker, Wilfried:
PostScript Level 2 griffbereit : eine vollständige
Befehlsübersicht über die aktuelle Version / Wilfried Söker.-
Braunschweig ; Wiesbaden : Vieweg, 1992

ISBN 978-3-528-05269-0   ISBN 978-3-663-11115-3 (eBook)
DOI 10.1007/978-3-663-11115-3

Das in diesem Buch enthaltene Programm-Material ist mit keiner Ver-
pflichtung oder Garantie irgendeiner Art verbunden. Der Autor und der
Verlag übernehmen infolgedessen keine Verantwortung und werden
keine daraus folgende oder sonstige Haftung übernehmen, die auf
irgendeine Art aus der Benutzung dieses Programm-Materials oder
Teilen davon entsteht.

Alle Rechte vorbehalten
© Springer Fachmedien Wiesbaden 1992

Ursprünglich erschienen bei Friedr. Vieweg & Sohn Verlagsgesellschaft
GmbH, Braunschweig/Wiesbaden 1992.

Das Werk einschließlich aller seiner Teile ist ur-
heberrechtlich geschützt. Jede Verwertung au-
ßerhalb der engen Grenzen des Urheberrechtsge-
setzes ist ohne Zustimmungen des Verlags unzu-
lässig und strafbar. Das gilt insbesondere für Ver-
vielfältigungen, Übersetzungen, Mikroverfil-
mungen und die Einspeicherung und Verarbeitung in elektronischen Systemen.

Gedruckt auf säurefreiem Papier

Inhaltsverzeichnis

1 Vorwort

Mit der Einführung des Levels 2 wurde der Befehlsvorrat der Druckerkontrollsprache *PostScript* auf weit über 300 Befehle erweitert. Eine solche Anzahl von Befehlen ist ohne den Zugriff auf ein Handbuch praktisch nicht zu bewältigen. Mit dem vorliegenden Nachschlagewerk hat der Anwender von PostScript eine handliche Befehlsliste immer *griffbereit*.

In der Beschreibung der Befehle werden die durch den Level 2 neu eingeführten Befehle besonders hervorgehoben. Auch die Befehle, die aus *Display-PostScript* mit in den Befehlsvorrat aufgenommen wurden, sind speziell gekennzeichnet. Das Befehlsverzeichnis ist daher auf alle Versionen von PostScript anwendbar. Zahlreiche kleine Beispiele helfen, die Anwendung der Befehle zu verdeutlichen.

An die Befehlsübersicht schließt sich eine kurze Zusammenfassung der Bestandteile der »Userfonts« sowie der mit dem Level 2 neu eingeführten Objekte »Formulare« und »Pattern« an. Den Abschluß bildet ein Sachwortverzeichnis.

2 Befehlsübersicht

<table>
<tr><td>[</td><td align="right">Marke</td></tr>
<tr><td>-   [⇒</td><td align="right">Marke</td></tr>
</table>

Eine Markierung wird auf den Stack gelegt.

<table>
<tr><td>]</td><td align="right">Array bilden</td></tr>
<tr><td>Marke ...   ]   ⇒</td><td align="right">Array</td></tr>
</table>

Die Zahl der Stackeinträge bis zur ersten Marke wird gezählt und ein Array dieser Länge angelegt. Anschließend werden die Stackeinträge bis zur Markierung in das neue Array geschrieben, wobei das unterste Element im Stack das erste Element im Array wird. Abschließend wird dann die Markierung gelöscht und das neue Array statt seiner auf den Stack gelegt.

```
Marke /a 2        ]            ⇒        [/a 2]
```

<table>
<tr><td><<</td><td align="right">Marke</td></tr>
<tr><td>-   <<   ⇒</td><td align="right">Marke</td></tr>
</table>

Eine Markierung wird auf den Stack gelegt.

<table>
<tr><td>Level 2</td><td>>></td><td></td><td>Dictionary bilden</td><td>Level 2</td></tr>
<tr><td></td><td>Marke ...</td><td>>>   ⇒</td><td>Dictionary</td><td></td></tr>
</table>

Es wird ein Dictionary angelegt und vom Stack mit Schlüssel-Werte-Paaren gefüllt, bis die Markierung erreicht ist. Dann wird die Markierung gelöscht und das neue Dictionary auf den Stack gelegt.

```
<< /A (a)
   /B 25
>>
% entspricht
2 dict dup begin
  /A (a) def
  /B 25 def
end
```

<table>
<tr><td>=</td><td></td><td></td><td>Ausdrucken</td></tr>
<tr><td>Beliebig</td><td>=</td><td>⇒</td><td>-</td></tr>
</table>

Das Objekt auf dem Stack wird in einen String umgewandelt und über den Standard-Ausgabekanal (*stdout*), gefolgt von einem Zeilenvorschub, ausgegeben. Das Ergebnis entspricht der Anwendung von »cvs«.

<table>
<tr><td>==</td><td></td><td></td><td>Schöner Ausdrucken</td></tr>
<tr><td>Beliebig</td><td>==</td><td>⇒</td><td>-</td></tr>
</table>

Das Objekt auf dem Stack wird in einen String umgewandelt und über den Standard-Ausgabekanal (*stdout*), gefolgt von einem Zeilenvorschub, ausgegeben. Das Ergebnis geht über die Fähigkeiten von »cvs« hinaus, da komplexe Objekte wie Arrays ausgegeben werden können. Darüber hinaus werden die Ausgaben so formatiert, daß sie wieder wie ein PostScript-Programm aussehen. Beispielsweise werden um Strings Klammern und vor Namen der Schrägstrich ausgegeben.

<table>
<tr><td>abs</td><td></td><td></td><td>Absolutwert</td></tr>
<tr><td>Zahl1</td><td>abs</td><td>⇒</td><td>Zahl2</td></tr>
</table>

Durch den Befehl »abs« wird der oberste Eintrag auf dem Stack, der eine Zahl sein muß, durch seinen absoluten Wert ersetzt. Der Typ der Zahl wird bis auf den Fall, daß das Argument die größte negative Integer-Zahl ist, nicht verändert. Im letzteren Fall ist das Ergebnis vom Typ *Real*.

```
   2        abs       ⇒        2
-1.2        abs       ⇒      1.2
```

---

add			Addition
Zahl1 Zahl2	**add**	⇒	*Zahl3*

Das Ergebnis der Addition ist vom Typ *Real*, falls eines der beiden Argumente von diesem Typ war. Ansonsten ist das Ergebnis vom Typ *Integer*.

```
2 2.1           add         ⇒           4.1
123 1           add         ⇒           124
```

---

aload			Arrayinhalt auf den Stack
Array	**aload**	⇒	*... Array*

Der gesamte Inhalt des Arrays wird auf den Stack gelegt, wobei das erste Element zuunterst und das letzte Element im Array zuoberst auf dem Stack zu liegen kommt. Das Array selbst befindet sich nach der Ausschüttung wieder oben auf dem Stack. Der Befehl »astore« ist die Umkehrfunktion zu »aload«.

```
[1 2 (abc)]   aload   ⇒   1 2 (abc) [1 2 (abc)]
```

---

and			Und-Verknüpfung
Boolean1 Boolean2	**and**	⇒	*Boolean3*
Zahl1 Zahl2	**and**	⇒	*Zahl3*

Abhängig davon, ob die beiden geforderten Argumente zwei logische Werte oder zwei ganze Zahlen sind, wird im ersten Fall eine logische Und-Verknüpfung durchgeführt und als Ergebnis der dabei entstehende logische Wert auf den Stack geschrieben. Im anderen Fall werden die beiden Zahlen bitweise miteinander durch die Und-Funktion verknüpft und anschließend die dabei entstehende Zahl auf den Stack gelegt.

```
true true         and       ⇒           true
false true        and       ⇒           false
2#1100 2#0111     and       ⇒           4
23 15             and       ⇒           7
```

---

arc			Kreisbogen erzeugen
x y Radius Startwinkel Endwinkel	**arc**	⇒	-

Um den Mittelpunkt (*x y*) wird mit dem gegebenen Radius ein Kreisbogen, beginnend beim Startwinkel gegen den Uhrzeigersinn, d. h. im mathematisch positiven Drehsinn, bis zum Endwinkel an den aktuellen Pfad angehängt. Ist der aktuelle Punkt zum Zeitpunkt des Befehls »arc« gesetzt, wird eine Linie von diesem Punkt zu dem Startpunkt des Kreisbogens gezogen. Andernfalls besteht der aktuelle Pfad nur aus dem Kreisbogen. In beiden Fällen steht der aktuelle Punkt anschließend auf dem Endpunkt des Kreisbogens.

```
200 200 moveto           % Startpunkt
200 200 50 30 330 arc    % Kreisbogen
closepath stroke         % Zeichnen
```

arcn	Negativen Kreisbogen erzeugen
x y Radius Startwinkel Endwinkel **arcn** ⇒	-

Um den Mittelpunkt (*x y*) wird mit dem gegebenen Radius ein Kreisbogen, beginnend beim Startwinkel **mit** dem Uhrzeigersinn, d. h. im mathematisch negativen Drehsinn, bis zum Endwinkel an den aktuellen Pfad angehängt. Ist der aktuelle Punkt zum Zeitpunkt des Befehls »arcn« gesetzt, wird eine Linie von diesem Punkt zu dem Startpunkt des Kreisbogens gezogen. Andernfalls besteht der aktuelle Pfad nur aus dem Kreisbogen. In beiden Fällen steht der aktuelle Punkt anschließend auf dem Endpunkt des Kreisbogens.

```
200 200 moveto            % Startpunkt
200 200 50 30 330 arcn  % Kreisbogen
closepath stroke          % Zeichnen
```

Level 2

arct	Anschlußkreis
x1 y1 x2 y2 Radius **arct** ⇒	-

Vom aktuellen Punkt wird in Richtung auf Punkt 1 (x1,y1) eine Linie gezogen und, bevor dieser Punkt erreicht ist, mit einem Kreisbogen in Richtung auf Punkt2 (x2,y2) umgeschwenkt. Der Pfad wird beendet, wenn der Kreisbogen die Linie P1-P2 berührt.

```
100 100 moveto       % Startpunkt
100 200 200 200     % x1 y1 x2 y2
40 arct              % Radius=40
stroke               % Zeichnen
```

arcto	Anschlußkreis
x1 y1 x2 y2 Radius **arcto** ⇒	*xt1 yt1 xt2 yt2*

Graphisch identisch mit dem Befehl »arct«. Zusätzlich hinterläßt dieser Befehl die Koordinaten der Tangentenpunkte auf dem Stack.

```
100 100 moveto      % Startpunkt
100 200 200 200    % x1 y1 x2 y2
40 arcto             % Radius=40
pop pop              % Tangentenpunkte
pop pop              % löschen
stroke
```

array	Neues Array anlegen
Integer **array** ⇒	*Array*

Ein neues Array mit der angegebenen Anzahl Einträge wird erzeugt und auf dem Stack gelegt. Die Feldelemente werden mit Objekten vom Typ *null* initialisiert.

```
4        array      ⇒      [null null null null]
```

---

astore   Array vom Stack füllen

... Array   **astore**   ⇒   *Array*

Das zuoberst auf dem Stack liegende Array wird vollständig
mit den darunter befindlichen Stackeinträgen gefüllt, wobei der
unter dem Array liegende Stackeintrag der letzte Eintrag im
Array wird, der nächste der zweitletzte, usw. Das gefüllte
Array befindet sich zum Abschluß des Befehls oben auf dem
Stack. Der Befehl »astore« ist die Umkehrfunktion zu »aload«.

```
1 2 (abc) 3 array    astore   ⇒    [1 2 (abc)]
```

---

ashow   Unterscheiden bzw. Sperren

ax ay String   **ashow**   ⇒   -

Der Befehl dient wie der Befehl »show« der Textausgabe. Bei
dem Befehl »ashow« wird allerdings nach der Ausgabe jedes
einzelnen Zeichens der aktuelle Punkt um den in den ersten
beiden Argumenten genannten Wert in X- bzw. Y-Richtung
korrigiert. Eine gesperrte Textausgabe wird mit einem positiven
X-Wert erreicht, eine Unterschneidung mit einem negativen X-
Wert.

```
/Helvetica findfont 10 scalefont setfont
100 140 moveto
(Normal) show                    Normal
100 120 moveto
5 0 (Gesperrt) ashow             G e s p e r r t
100 100 moveto
-1.5 0 (Unterschnitten) ashow    Unterschnitten
showpage
```

---

begin   Dictionary öffnen

Dictionary   **begin**   ⇒

Das »Dictionary« wird auf dem Dictionarystack zuoberst
angefügt. Dieses Dictionary wird damit zur aktuellen
Dictionary.

```
/D1 10 dict def
D1 begin
   /Eintrag (in D1) def
end  % D1
```

---

bind   Funktionsaufrufe ersetzen

Prozedur   **bind**   ⇒   *Prozedur*

Die Prozedur auf dem Stack wird nach Namen von System-
funktionen durchsucht. Diese werden dann durch die Funktionen selbst ersetzt. Auch verschachtelte Prozeduren werden
auf diese Art behandelt.

```
{ dup mul } bind ⇒ { -Funktion- -Funktion- }
```

---

bitshift
Zahl binär schieben

| *Zahl1 Zahl2* | **bitshift** | ⇒ | *Zahl3* |

Die binäre Darstellung der »Zahl1« wird um die in »Zahl2« angegebenen Stellen geschoben. Falls »Zahl2« negativ ist, wird die Zahl1 nach rechts geschoben, ansonsten nach links.

```
5 2                bitshift          ⇒           20
2#1011 -1          bitshift          ⇒            5
```

---

bytesavailable
Verfügbare Zeichen zählen

| *File* | **array** | ⇒ | *Integer* |

Dieser Befehl gibt als Antwort die Anzahl der Zeichen zurück, die von der angegebenen Datei »File« sofort gelesen werden können.

```
currentfile        bytesavailable      ⇒           3
```

---

cachestatus
Zustand des Fontcaches

| - | **cachestatus** | ⇒ | *Bakt Bmax Makt Mmax Aakt Amax Zmax* |

Bakt   Verbrauchter Anteil des Bitmap-Caches (in Bytes).
Bmax   Maximale Größe des Bitmap-Caches.
Makt   Aktuelle Anzahl der Font/Matrix-Kombinationen.
Mmax   Maximale Anzahl der Font/Matrix-Kombinationen.
Aakt   Aktuelle Anzahl der Zeichen im Cache.
Amax   Maximale Anzahl der Zeichen im Cache.
Zmax   Maximaler Cachebereich für ein Zeichen.

---

ceiling
Nächstgrößere ganze Zahl

| *Zahl* | **ceiling** | ⇒ | *Integer* |

Ermittelt die nächste ganze Zahl »Integer«, die größer oder gleich der Zahl »Zahl« ist.

```
1.3                ceiling           ⇒            2
-1.3               ceiling           ⇒           -1
2                  ceiling           ⇒            2
```

---

charpath
Zeichenumriß erzeugen

| *String Boolean* | **array** | ⇒ | - |

An den aktuellen Pfad wird die Umrißlinie der Zeichen des angegebenen Strings in dem aktuellen Font angehängt. Der Wert von »Boolean« ist nur für »stroked« Fonts interessant. Ist der Wert »true«, hinterläßt er einen Pfad zum Füllen und ist er »false«, einen Pfad zum Linieren (stroke).

```
/Helvetica-Bold 20 selectfont
100 100 moveto      % Startpunkt Text
(WS) true charpath  % Outline erzeugen
0.1 setlinewidth
stroke              % Outline 'stroken'
```

---

clear   Operandenstack löschen

| - | **clear** | ⇒ | - |

Durch den Befehl »clear« wird der Operandenstack vollständig gelöscht.

```
1 2 3 4           clear           ⇒           -
```

---

cleardictstack   Dictionary-Stack löschen

| - | **cleardictstack** | ⇒ | - |

Der Dictinary-Stack wird in Ausgangsstellung gebracht. Bei Level 1 befinden sich dann noch »systemdict« und »userdict«, bei Level 2 noch »systemdict«, »globaldict« und »userdict« auf dem Dictionary-Stack.

---

cleartomark   Stack bis zur Markierung löschen

| *Marke ...* | **cleartomark** | ⇒ | - |

Den Stack bis zur ersten Markierung löschen und anschließend auch die Marke selbst entfernen.

```
1 2 [ 3 4         cleartomark         ⇒         1 2
```

---

clip   Ausschneiden

| - | **clip** | ⇒ | - |

Der aktuelle Pfad wird mit dem aktuellen Clippfad verknüpft und als neuer Clippfad übernommen. Der aktuelle Pfad wird nicht gelöscht.

```
100 100 moveto   % Startpunkt
150 200 lineto   % 1. Seite
200 100 lineto   % 2. Seite
closepath        % 3. Seite
clip             % Als Schnittpfad
stroke           % und Linieren
100 150 moveto   % Startpunkt
400 0 rlineto    % Endpunkt
10 setlinewidth  %
stroke           % Linieren
```

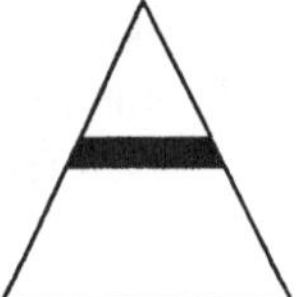

clippath   Clippfad zurückholen

| - | **clippath** | ⇒ | - |

Der aktuelle Pfad wird durch den Clippfad ersetzt.

```
% Aktuellen Clip-Pfad sichtbar machen
clippath stroke
```

closefile   Datei schließen

| *File* | **closefile** | ⇒ | - |

Der angegebene Kanal zu einer Datei wird geschlossen.

```
/kan (tempdatei) (w) file def
(text...) kan writestring
kan          closefile          ⇒          -
```

closepath   Pfad schließen

| - | **closepath** | ⇒ | - |

Eine Linie vom aktuellen Punkt bis zum letzten Startpunkt
eines Teilpfades im aktuellen Pfad ziehen.

```
100 100 moveto   % Startpunkt
150 200 lineto   % 1. Seite
200 100 lineto   % 2. Seite
closepath        % 3. Seite
stroke           % Schließen
```

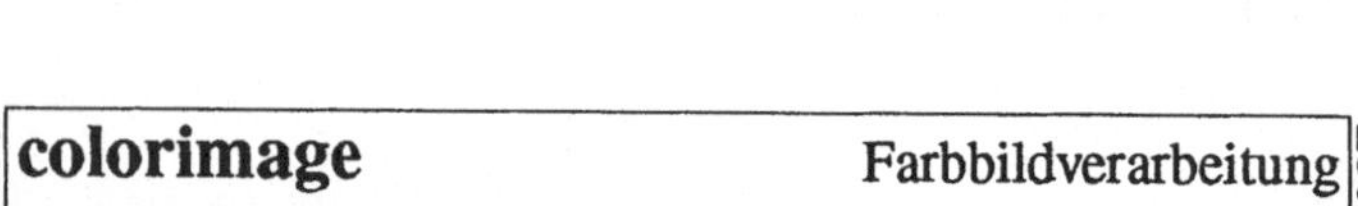

colorimage   Farbbildverarbeitung

Breite Höhe Bits M Q0 .. Qn-1 Multi N   **colorimage**   ⇒   -

Ein (Farb-)Bild der angegebenen Breite und Höhe mit
Bildpunkten der Länge »Bits« und der Transformation »M«
wird eingelesen. Der Wert von »N« gibt an, wieviele
Farbkomponenten das Bild besitzt. Die Werte 1, 3 und 4
werden den Farbräumen *DeviceGray*, *DeviceRGB* und
DeviceCMYK zugeordnet.

Der logische Wert von »Multi« zeigt an, ob es nur eine (*false*)
oder soviele wie in »N« angegebene Datenquellen »Qs« gibt
(*true*).

Alle Fähigkeiten von »colorimage« und sogar noch darüber
hinausgehende Möglichkeiten sind mit der Anwendung des
Befehls »image« erreichbar, wenn dieser mit einem Dictionary
als Argument aufgerufen wird.

---

concat — Matrizenmultiplikation

| *matrix* | **concat** | ⇒ | - |

Die aktuelle Matrix wird mit der »matrix« multipliziert und als aktuelle Matrix übernommen.

```
[1 0 0 2 0 0]        concat        ⇒        -
```

---

concatmatrix — Matrizenmultiplikation

| *m1 m2 m3* | **concatmatrix** | ⇒ | *m3* |

Die Matrizen »m1« und »m2« werden miteinander multipliziert und das Ergebnis in der Matrix »m3« abgelegt.

```
/m1 [ 2 0 0 3 0 0] def
/m2 [-1 0 0 2 10 10] def
/m3 6 array def
m1 m2 m3 concatmatrix ⇒ [-2. 0. 0. 6. 10. 10.]
```

---

copy — Kopieren 1. Teil

| *... Integer* | **copy** | ⇒ | *... ...* |

Die in der Zahl »Integer« angegebene Anzahl Stackeinträge wird nochmals auf den Stack gelegt.

```
5 4 3 2        copy        ⇒        5 4 3 4 3
```

---

copy — Kopieren 2. Teil

| *Array1 Array2* | **copy** | ⇒ | *Array3* |

Der Inhalt von »Array1« wird in das »Array2« kopiert. Das neu gefüllte und auf die Länge von »Array1« gekürzte »Array2« wird dann wieder auf den Stack gelegt (»Array3«).

```
/a1 [/x /y /z] def
/a2 10 array def
a1 a2        copy        ⇒        [/x /y /z]
```

---

copy — Kopieren 3. Teil

| *Dict1 Dict2* | **copy** | ⇒ | *Dict2* |

Alle Einträge aus »Dict1« werden in die »Dict2« kopiert. In PostScript Level 1 muß »Dict2« leer sein und gleichzeitig mindestens die gleiche Anzahl Einträge aufnehmen können, wie in »Dict1« aktiv sind. In PostScript Level 2 gibt es diese Einschänkungen nicht mehr.

```
/D1 10 dict def
/D2 3 dict def
D1 begin
   /A 1 def /B 2 def /C 3 def
end
D1 D2            copy          ⇒          D2
```

---

copy   Kopieren 4. Teil

Str1 Str2   **copy**   ⇒   *Str3*

Der Inhalt des Strings »Str1« wird in den String »Str2« übertragen. Dieser String, der nun die Länge von »Str1« hat, wird auf dem Stack hinterlegt (»Str3«). »Str3« ist eine Teilmenge von »Str2«.

```
/S1 (Hallo) def
/S2 10 string def
S1 S2            copy          ⇒          (Hallo)
```

Level 2 **copy**   Kopieren 5. Teil Level 2

Gstate1 Gstate2   **copy**   ⇒   *Gstate2*

Der Grafische Status »Gstate2« wird mit Status »Gstate1« überschrieben und anschließend auf dem Stack gespeichert.

---

copypage   Seite ausdrucken

-      **copypage**   ⇒   -

Eine oder mehrere Kopien der aktuellen Seite werden ausgegeben. Die Anzahl der Kopien wird durch die Variable »#copies« oder durch den Eintrag »NumCopies« in dem Dictionary zum Befehl »setpagedevice« bestimmt.

```
/#copies 2 def
copypage          % zwei Seiten ausgeben
```

---

cos   Kosinus berechnen

Winkel   **cos**   ⇒   *Zahl*

Der Kosinus des Winkels »Winkel« wird berechnet.

```
45               cos          ⇒          0.707107
```

---

count   Stack abzählen

...   **count**   ⇒   *... Integer*

Die Zahl der Elemente auf dem Stack wird ermittelt und zusätzlich auf den Stack gelegt.

```
clear        % Stack zurücksetzen
1 2 /a /b        count        ⇒        1 2 /a /b 4
```

---

countdictstack	Dictionary-Stack abzählen
- **countdictstack** ⇒	*Integer*

Die Zahl der Elemente auf dem Dictionary-Stack wird ermittelt
und auf den Stack gelegt.

```
countdictstack 3 sub    % Dict's über »userdict«
{ end } repeat          % deaktivieren
```

---

countexecstack	Execution-Stack abzählen
- **countexecstack** ⇒	*Integer*

Die Zahl der Elemente auf dem Execution-Stack wird ermittelt
und auf den Stack gelegt.

```
countexecstack    % Länge des Execution-Stacks,
array             % Arrays dieser Länge anlegen
execstack         % und mit dem Exec-Stack füllen
```

---

counttomark	Bis zur Markierung zählen
Marke ... **counttomark** ⇒	*Marke ... Zahl*

Die Zahl der Elemente auf dem Stack bis zur obersten
Markierung wird gezählt. Markierungen können durch die
Befehle »mark«, »[« und in Level 2 zusätzlich durch den
Befehl »<<« erzeugt werden.

```
1 [ /a /b        counttomark        ⇒        1 [ /a /b 2
```

Level 2

cshow	»composite show«
Proc String **cshow** ⇒	-

Führt bei jeder Aktion des Font-Mapping-Mechanismus die
Prozedur »Proc« aus. Der Befehl »show« erzeugt keine Schrift;
dies bleibt der Prozedur vorbehalten.

Level 2

currentblackgeneration	Schwarz-Erzeugung
- **currentblackgeneration** ⇒	*Prozedur*

Die Prozedur zur Schwarzanteil-Generierung bei dem Übergang von *DeviceRGB* zu *DeviceCMYK* wird auf den Stack
gelegt.

Level 2 | **currentcacheparams**   Aktuelle Cache-Parameter | **Level 2**

-      **currentcacheparams**   ⇒   *Marke ...*

-   **currentcacheparams** ⇒ *Marke Größe Compress Limit*

Dieser Befehl holt die aktuell eingestellten Werte des Caches auf den Stack. Nach der »Marke«, die aus Kompatibilitätsgründen mit zukünftigen PostScript-Versionen eingefügt wird, befindet sich die »Größe« des gesamten Fontcaches, der Schwellwert »Compress«, der angibt, ab welchem Platzbedarf ein Zeichen komprimiert wird sowie die maximale Größe eines Zeichens (»Limit«) im Fontcache auf dem Stack. Die Anzahl der Werte ist variabel und kann sich zukünftig ändern. Siehe auch »setcacheparams«.

```
% Ausgabe der eingestellten Cache-Parameter
/str 40 string def        % Leerstring
currentcacheparams        % Parameter besorgen
]                         % Array füllen
{ str cvs show (, ) show } % Array ausgeben
forall                    % mit 'forall'
```

Level 2 | **currentcmykcolor**   Aktuelle Farbwerte | **Level 2**

-    **currentcmykcolor**   ⇒   *Cyan Magenta Gelb Schwarz*

Die aktuell eingestellten Farbwerte werden in CMYK auf den Stack gelegt. Ist der Farbraum nicht auf CMYK eingestellt, wird eine Transformation versucht.

Level 2 | **currentcolor**   Aktuelle Farbwerte | **Level 2**

-      **currentcolor**   ⇒   *....*

Die aktuell eingestellten Farbwerte werden entsprechend dem eingestellten Farbraum auf den Stack gelegt.

Level 2 | **currentcolorrendering**   Aktuelle Farbrasterung | **Level 2**

-      **currentcolorrendering**   ⇒   *Dict*

Das Dictionary mit den Werten zum Rastern auf CIE-Basis wird geholt.

Level 2 | **currentcolorscreen**   Aktuelle Farbrasterzellen | **Level 2**

-      **currentcolorscreen**   ⇒   *zwölf neue Elemente*

Die aktuellen Werte zur Erzeugung der Rasterzellen, also Frequenz, Winkel und Schwellwert-Prozedur werden jeweils für die Farben Rot, Grün und Gelb sowie für Grau auf den Stack abgelegt.

currentcolorspace
Aktueller Farbraum · *Level 2*

`-`   **currentcolorspace**   ⇒   *Array*

In dem Array, das nach Aufruf von »currentcolorspace« auf dem Stack steht, befinden sich der Identifikationsschlüssel und die Parameter des aktuellen Farbraumes.

currentcolortransfer
Aktuelle Farbtransferkurven · *Level 2*

`-`   **currentcolortransfer**   ⇒   *Rproc Gproc Bproc Proc*

Die Prozeduren der aktuellen Transferkurven werden auf dem Stack gespeichert. Die Reihenfolge der Prozeduren ist Rot, Gelb, Blau sowie Grau.

currentcontext
Aktueller Kontext in DPS · *Display PS*

`-`   **currentcontext**   ⇒   *Zahl*

Dieser Befehl existiert nur im Zusammenhang mit Display-PostScript. Er liefert eine Zahl zurück, die den aktuellen Kontext identifiziert.

currentdash
Aktuelle Strichelung

`-`   **currentdash**   ⇒   *Array Zahl*

Durch den Befehl »currentdash« werden die eingestellten Werte zur Strichelung von Linien auf den Stack gelegt. In dem »Array« erwartet befinden sich die Längenangaben für die gezeichneten und nicht gezeichneten Anteile der Linie befinden. Das zweite zurückgegebene Objekt »Zahl« gibt die Stecke Strecke vor, die in dem Array schon abgearbeitet wird, bevor das reale Linieren beginnt (Offset). Siehe auch »setdash«.

currentdevparams
Aktuelle Geräteeinstellungen · *Level 2*

String   **currentdevparams**   ⇒   *Dictionary*

Die aktuell eingestellten Werte des durch den angegebenen String identifizierten Gerätes sind nach Aufruf des Befehls »currentdevparams« auf dem Stack zu finden.

currentdict   Aktive Dictionary

| - | currentdict | ⇒ | *Dictionary* |

Eine Referenz zu dem obersten Dictionary auf dem Dictionary-Stack wird auf dem (Operanden-) Stack gespeichert.

```
10 dict begin    % Neues Dictionary öffnen
/A (a) def       % Verschiedene Einträge
currentdict      % Aktuelles Dictionary merken
end              % Dictionary-Stack abbauen
/D exch def      % Das neue Dictionary zuweisen
```

currentfile   Aktueller Eingabestrom

| - | currentfile | ⇒ | *File* |

Hier wird die Quelle der Eingabedaten auf dem Stack gespeichert. Dieser kann dann zum direkten Einlesen der folgenden Daten verwendet werden.

```
currentfile 128 string readline
abcdef
pop show   % Die eingelesene Zeile drucken.
```

currentflat   Aktuelle Abflachung

| - | currentflat | ⇒ | *Zahl* |

Der einstellte Betrag des Fehlers bei der Abflachung von Bezierkurven durch die Vektorisierung wird in Gerätekoordinaten auf den Stack gelegt (siehe auch »setflat«).

```
-          currentflat       ⇒        1.
```

currentfont   Aktuelles Font

| - | currentfont | ⇒ | *Dictionary* |

Das eingestellte Font wird auf den Stack gelegt.

```
/oldfont currentfont def
/Helvetica findfont 10 scalefont setfont
.........
oldfont setfont   % Zurück zum alten Font
```

currentglobal   Speicher global oder lokal?

Level 2

| - | currentglobal | ⇒ | *Boolean* |

Level 2

Dieser Befehl gibt an, ob ein neu zu allokierender Speicherbereich aus dem VM lokal oder global sein wird (siehe »setglobal«).

```
-          currentglobal       ⇒        true
```

currentgray — Aktueller Grauwert

-	**currentgray**	⇒	*Zahl*

Der aktuell eingestellte Grauwert wird auf den Stack gelegt.

```
-          currentgray          ⇒          0.2
```

Level 2

currentgstate — Graphischen Status holen

Gstate	**currentgstate**	⇒	*Gstate*

Level 2

Das Objekt von Typ »Gstate« wird mit den aktuell eingestellten Werten des grafischen Status gefüllt und wiederum auf dem Stack gespeichert.

```
/G gstate def
...
G currentgstate
```

Level 2

currenthalftone — Aktuelle Halbton-Dictionary

-	**currenthalftone**	⇒	*Dictionary*

Level 2

Das aktuelle Halbton-Dictionary wird auf den Stack gelegt. Wurden die Haltonparameter durch »setscreen« oder »setcolorscreen« gesetzt, wird ein Dictionary generiert und mit den entsprechenden Werten gefüllt.

Display PS

currenthalftonephase — Aktuelle Halbton-Phase

-	**currenthalftonephase**	⇒	*x y*

Display PS

Die aktuelle Halbton-Phase wird besorgt. Dieser Befehl existiert nur in Display-PostScript.

---

currenthsbcolor — Aktuelle Farbeinstellung

-	**currenthsbcolor**	⇒	*Farbe Sättigung Weißanteil*

Die aktuelle Farbe wird in den Werten des »HSB«-Farbmodells auf dem Stack gespeichert. »HSB« bedeutet »Hue Saturation Brightness« und entspricht der Position auf dem Farbkreis (Hue), der Farbsättigung (Saturation) und dem Weißanteil (Brightness).

```
0.3 setgray
-          currenthsbcolor          ⇒          0.0 0.0 0.3
```

currentlinecap — Aktueller Linienabschluß

| - | **currentlinecap** | ⇒ | *Integer* |

Die Zahl »Integer« gibt an, ob die Linienabschlüsse gerade abgeschnitten (0), abgerundet (1) oder um die halbe Linienstärke verlängert werden (2). Siehe auch »setlinecap«.

```
-        currentlinecap         ⇒         0
```

currentlinejoin — Aktueller Linienübergang

| - | **currentlinejoin** | ⇒ | *Integer* |

Bei gerade verlängerten Linienübergängen ist das Ergebnis des Befehls die Zahl »0«. Eine »1« bedeutet, daß die Übergänge abgerundet und eine »2«, daß sie nur bündig gefüllt werden. Siehe auch »setlinejoin«.

```
-        currentlinejoin        ⇒         1
```

currentlinewidth — Aktuelle Liniebreite

| - | **currentlinewidth** | ⇒ | *Zahl* |

Die aktive Linienbreite wird auf den Stack gelegt.

```
-        currentlinewidth       ⇒        4.3
```

currentmatrix — Aktuelle Transformation

| *Matrix* | **currentmatrix** | ⇒ | *Matrix* |

Das vor den Aufruf von »currentmatrix« auf dem Stack befindliche Array »Matrix« wird mit den Werten der aktuelle Transformationsmatrix gefüllt. Das Array muß sechs Elemente groß sein.

```
/oldmatrix 6 array currentmatrix def
... translate .. rotate .....
oldmatrix setmatrix % Alte Transformation
```

currentmiterlimit — Aktuelle Linienstoßspitzen

| - | **currentmiterlimit** | ⇒ | *Zahl* |

Die zulässige Spitzenlänge bei Linienübergängen des Typs »0« wird auf den Stack gelegt. Die Spitzenlänge wird auf die Linienstärke, dividiert durch den Sinus des halben Öffnungswinkels (in Weltkoordinaten) der betroffenen Linien beschränkt. Siehe auch »setmiterlimit«.

```
-        currentmiterlimit      ⇒        10
```

currentobjectformat — Aktuelles Objektformat

Level 2 · *Level 2*

| - | **currentobjectformat** | ⇒ | *Zahl* |

Das Format für das binär kodierte PostScript wird auf dem Stack gespeichert. Die Bedeutung der Zahl ist bei »setobjectformat« beschrieben.

```
-          currentobjectformat        ⇒        2
```

currentoverprint — Überdrucken?

Level 2 · *Level 2*

| - | **currentoverprint** | ⇒ | *Boolean* |

Zeigt an, ob bei Farbseparationen das Überdrucken aktiv ist oder ob nicht (siehe auch »setoverprint«).

```
-          currentoverprint        ⇒        false
```

currentpacking — Arrays komprimieren?

Level 2 · *Level 2*

| - | **currentpacking** | ⇒ | *Boolean* |

Zeigt an, ob Prozeduren als komprimierte (»packed«) oder unkomprimierte Arrays abgelegt werden (siehe auch »setpacking«).

```
-          currentpacking        ⇒        false
```

currentpagedevice — Aktuelles Ausgabemedium

Level 2 · *Level 2*

| - | **currentpagedevice** | ⇒ | *Dictionary* |

Ein Dictionary mit der Beschreibung des aktuellen Ausgabegerätes wird auf den Stack gelegt.

currentpoint — Aktuelle Position

| - | **currentpoint** | ⇒ | *x y* |

Die aktuelle Position wird als X- und als Y-Koordinate auf den Stack gelegt.

```
/NL {                % Funktion Zeilenvorschub
    100              % Linker Rand
    currentpoint     % 100 X-akt Y-akt
    exch pop         % 100 Y-akt
    12 sub           % 100 (Y-akt - 12)
    moveto           % ausführen
    } def            % Funktion definieren
```

currentrgbcolor	Aktuelle Farbeinstellung
- **currentrgbcolor**	⇒ *Rot Grün Blau*

Die aktuelle Farbe wird in den Werten des »RGB«-Farbmodells
auf dem Stack gespeichert. »RGB« bedeutet »Rot Grün Blau«.

```
0.3 setgray
-        currentrgbcolor      ⇒        0.3 0.3 0.3
```

currentscreen	Aktuelle Halbtongenerierung
- **currentscreen**	⇒ *Frequenz Winkel Prozedur*
- **currentscreen**	⇒ *60 0 Dictionary*

Die aktuell eingestellten Werte zur Erzeugung der
Halbtonzellen werden ausgegeben. Das Ergebnis entspricht den
Werten, die mit dem Befehl »setscreen« gesetzt wurden. Die
zweite Variante wird ausgegeben, wenn in Level 2 die
Halbtongenerierung mit dem Befehl »sethalftone« eingestellt
wurde.

```
% Durch dieses Beispiel wird nur der Winkel
% der Rasterzellen auf 30 Grad gesetzt.
currentscreen          % akt-f akt-w akt-p
dup type dicttype eq  % 2. Variante?
{ dup maxlength dict  % Ja, neue 'halftonedict'
  copy dup            % Inhalt übertragen
  /Angle 30 put       % Winkel setzen
  sethalftone }       % Aktivieren
{ exch pop 30         % Nein, akt-f akt-p 30
  exch setscreen }    % Aktivieren
ifelse
```

Level 2 **currentshared**   Speicher global oder lokal? Level 2

Gstate	**currentshared**	⇒ *Boolean*

Dieser Befehl gibt an, ob ein neu zu allokierender Speicherbereich lokal oder global sein wird. Der Befehl ist identisch mit
dem Befehl »currentglobal«.

```
-        currentshared         ⇒        false
```

Level 2 **currentstrokeadjust** Automatische Strichjustage? Level 2

- **currentstrokeadjust**	⇒ *Boolean*

Zeigt auf dem Stack an, ob die automatische Strichjustage aktiv
ist.

```
-        currentstrokeadjust      ⇒        false
```

<table><tr><td>Level 2</td><td>

currentsystemparams Aktuelle Systemparameter

| - | **currentsystemparams** | ⇒ | *Dictionary* |

</td><td>Level 2</td></tr></table>

Mit dem Befehl »currentsystemparams« wird eine neu angelegtes Dictionary mit den aktuellen Systemparametern auf den Stack gelegt. Zu den Systemparametern zählt beispielsweise die Größe des Speichers oder die Anzahl der ausgegebenen Seiten.

```
% Mit dem folgenden Beispiel soll der Inhalt
% des Dictionaries aus dem Aufruf von
% »currentsystemdict« gezeigt werden.
/str 80 string def    % Zum Ausgeben
/NL { Links currentpoint
        exch pop 11 sub moveto } def
/Helvetica findfont 10 scalefont setfont
/Links 80 def          % Linker Rand
Links 700 moveto       % Startposition
currentsystemparams
{  exch str cvs show   % Schlüssel ausgeben
   ( = ) show
   str cvs show NL     % Wert ausgeben
   } forall            % Dictionary bearbeiten
showpage
```

---

currenttransfer Aktuelle Transferkurve

| - | **currenttransfer** | ⇒ | *Prozedur* |

Die aktuelle Transferfunktion ist nach dem Aufruf von »currenttransfer« auf dem Stack zu finden.

```
% Als Beispiel soll die Transferkurve graphisch
% angezeigt werden.
/Size 100 def          % Größe der Graphik.
200 300 translate      % Position der Graphik.
Size Size scale        % Größe ausführen.
0 0 moveto 1 0 lineto  % Ein Rahmen für
1 1 lineto 0 1 lineto  % die Graphik.
closepath 0.5 Size div setlinewidth
stroke                 % Rahmen malen.
/P currenttransfer def  % Transferkurve merken.
0 0 P moveto           % Startpunkt
0.02 0.02 1 {          % 0.02 bis 1
    dup P lineto
    } for
1 Size div setlinewidth stroke
showpage
```

<table><tr><td>Level 2</td><td>

currentundercolorremoval Akt. Farbreduktion

| - | **currentundercolorremoval** | ⇒ | *Prozedur* |

</td><td>Level 2</td></tr></table>

Die Prozedur zur Anpassung des Farbwertes bei der Umwandlung von den Farbräumen »DeviceRGB« und »DeviceGray« in »DeviceCMYK« wird auf den Stack gelegt. Siehe auch »setundercolorremoval«.

Level 2

currentuserparams · »User«-Parameter holen

-	**currentuserparams**	⇒ *Dictionary*

Level 2

Mit dem Befehl »currentuserparams« wird eine neu angelegtes Dictionary mit den aktuellen Userparametern auf den Stack gelegt. Zu den Userparametern zählt beispielsweise der Name des Jobs.

```
% Mit dem Beispiel bei »currentsystemparams«
% lassen sich auch die Userparameter ausgeben,
% wenn in der 10.ten Zeile das Wort
% »currentsystemparams« durch das Wort
% »currentuserparams« ersetzt wird.
```

curveto · Bezierkurve erzeugen

x1 y1 x2 y2 x3 y3	**curveto**	⇒ -

Eine Bezierkurve wird an den aktuellen Pfad angehängt. Der erste der vier Definitionspunkte der Bezierkurve ist der aktuelle Punkt. Nach der Ausführung des Befehls ist der aktuelle Punkt P3 (x3,y3).

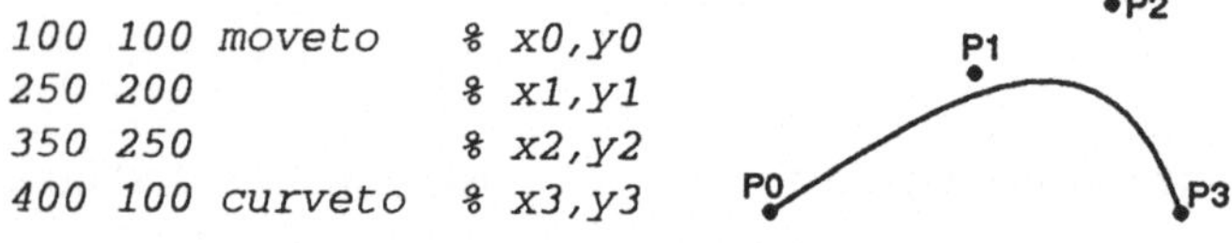


```
100 100  moveto    % x0,y0
250 200            % x1,y1
350 250            % x2,y2
400 100  curveto   % x3,y3
```

cvi · In Integer wandeln

Zahl/String	**cvi**	⇒ *Integer*

Der Befehl »cvi« kann eine Zahl oder einen String als Argument verarbeiten. Ist das Argument eine Zahl, wird der ganzzahlige Teil davon wieder auf den Stack zurückgelegt. Ist das Argument ein String, wird dieser String durch den PostScript-Interpreter als Zahl interpretiert und anschließend in eine ganze Zahl gewandelt.

```
 1.3          cvi       ⇒       1
-1.3          cvi       ⇒      -1
( 2.5 )       cvi       ⇒       2
```

cvlit · Zustand »nicht ausführbar«

Beliebig	**cvlit**	⇒ *Beliebig*

Das möglicherweise gesetzte Attribut »ausführbar« wird dem Argument »Beliebig« genommen.

```
/Test1 { 10 array } def
/Test2 { 10 array } cvlit def
Test1 length     % ==> 10
Test2 length     % ==> 2
```

<table>
<tr><td>cvn</td><td></td><td></td><td>String in Namen wandeln</td></tr>
<tr><td>String</td><td>cvn</td><td>⇒</td><td>Name</td></tr>
</table>

Der Inhalt des Strings wird in einen Namen umgewandelt.

```
(xyz)            cvn            ⇒            /xyz
```

<table>
<tr><td>cvr</td><td></td><td></td><td>In Real wandeln</td></tr>
<tr><td>Zahl/String</td><td>cvr</td><td>⇒</td><td>Real</td></tr>
</table>

Der Befehl »cvr« kann eine Zahl oder einen String als Argument verarbeiten. Ist das Argument eine Zahl, wird diese in eine Fließkommazahl gewandelt und auf den Stack zurückgelegt. Ist das Argument ein String, wird dieser String durch den PostScript-Interpreter als Zahl interpretiert und anschließend als Fließkommazahl auf dem Stack gespeichert.

```
1               cvr            ⇒            1.
-3              cvr            ⇒           -3.
( 2 )           cvr            ⇒            2.
```

<table>
<tr><td>cvrs</td><td></td><td></td><td>Zahl als String mit Basis</td></tr>
<tr><td>Zahl Basis String1</td><td>cvrs</td><td>⇒</td><td>String2</td></tr>
</table>

Das Argument »Zahl« wird in einen String konvertiert. Die »Basis« der Zahlendarstellung kann im Bereich von 2 bis 36 angegeben werden. Als drittes Argument wird ein String erwartet, der lang genug sein muß, das Ergebnis zu fassen (»String1«). Der gefüllte String wird dann wieder auf den Stack zurückgelegt. Ist die gewünschte Basis nicht »10«, wird vor der Konvertierung die Zahl in eine ganze Zahl gewandelt.

```
/str 10 string def
47.11 10 str     cvrs           ⇒         (47.11)
47.11 16 str     cvrs           ⇒            (2F)
47.11  2 str     cvrs           ⇒        (101111)
```

<table>
<tr><td>cvs</td><td></td><td></td><td>In einen String wandeln</td></tr>
<tr><td>Objekt String1</td><td>cvs</td><td>⇒</td><td>String2</td></tr>
</table>

Das Objekt, das von beliebigem Typ sein kann, wird in einen Text umgewandelt. Dieser Text wird in den »String1« eingetragen und dann wieder auf dem Stack als »String2« hinterlegt. Bei komplexen Objekten wie Dictionaries oder Arrays wird in den String der Text »--nostringval--« eingetragen. In jedem Fall muß der »String1« groß genug sein, das Ergebnis aufnehmen zu können.

```
/str 20 string def    % Ein leerer String
/abc str     cvs     ⇒              (abc)
true str     cvs     ⇒             (true)
{ x } str    cvs     ⇒    (--nostringval--)
0.815 str    cvs     ⇒            (0.815)
```

---

cvx			Ausführbar machen
Objekt	**cvx**	⇒	*Objekt*

Dem Objekt wird das Attribut »ausführbar« zugeordnet.

```
/a          cvx          ⇒                  a
[ 1 ]       cvx          ⇒              { 1 }
```

---

def			Definiere
Schlüssel Wert	**def**	⇒	-

Dem »Schlüssel« wird in dem aktuellen Dictionary ein »Wert«
zugeordnet.

```
/a 1 def
/quadriere { dup mul } def
```

---

defaultmatrix		Matrix Grundeinstellung
Array	**defaultmatrix**	⇒	*Array*

In das sechs Elemente große Array wird die zu dem aktuellen
Ausgabegerät gehörende Transformations-Grundeinstellung
eingetragen und auf dem Stack hinterlegt.

```
/M 6 array def
M defaultmatrix ⇒ [4. 0. 0. -4. -1234. 1800.]
```

---

definefont		Definiere Font
Schlüssel Dictionary	**definefont**	⇒	*Dictionary*

Dem »Schlüssel« wird nach einer Prüfung des Dictionaries
dieses als Font in der FontDirectory zugeordnet. Das Font wird
nach der Ausführung des Befehls auf dem Stack gespeichert.

```
% Ein Font durch geschicktes Kopieren in ein
% Outline-Font umwandeln.
/Helvetica-Bold findfont        % Das Basisfont
dup maxlength 1 add dict begin % Das neue Font
  {exch dup /FID eq {pop pop} {exch def} ifelse}
  forall % Alles bis auf die FID kopieren!
  /PaintType 2 def       % Outline = 2
  /StrokeWidth 20 def    % Strichstärke
  currentdict end        % Fontdict merken
/Helv-Outline exch definefont pop
/Helv-Outline findfont 20 scalefont setfont
```

Level 2 Level 2

defineresource

Definiere Resource

Schlüssel Instanz Kategorie **definefont** ⇒ *Instanz*

Mit diesem Befehl wird unter dem »Schlüssel« eine neue Instanz in der angegebenen Kategorie angelegt. Zuvor wird die neue Instanz einer Prüfung unterzogen, die von der gewählten Kategorie abhängt. Die neue Instanz wird nach der Ausführung des Befehls mit dem Attribut »schreibgeschützt« versehen und auf dem Stack gespeichert.

```
% Statt dem Befehl »definefont« kann auch der
% Befehl »defineresource« mit der Kategorie
% »Font« verwendet werden.
/Helv-Outline newdict definefont
/Helv-Outline newdict /Font defineresource
```

Display PS Display PS

defineusername

Definiere »Binary Token«

Index Name **defineusername** ⇒ -

Dem »Index« wird ein Name zugeordnet.

Level 2 Level 2

defineuserobject

Definiere

Index Wert **defineuserobject** ⇒ -

Unter dem »Index« wird in dem Dictionary »UserObjects« ein »Wert« abgelegt.

```
0 { dup mul } defineuserobject
```

Level 2 Level 2

deletefile

Lösche Datei

Name **deletefile** ⇒ -

Die Datei mit dem Namen »Name« wird gelöscht.

```
(tempfile) deletefile
```

Display PS Display PS

detach

Definiere

Kontext **detach** ⇒ -

Die Task mit der Kontextnummer »Kontext« wird nach deren Ausführung beendet.

Display PS Display PS

deviceinfo

Geräteinformationen

- **deviceinfo** ⇒ *Dictionary*

Mit dem Befehl »deviceinfo« können bei Display-PostScript-Systemen die statischen Geräteeigenschaften besorgt werden.

---

dict		Dictionary anlegen
Integer	**dict** ⇒	*Dictionary*

Mit diesem Befehl wird ein Dictionary mit »Integer« leeren
Einträgen angelegt. Während eine spätere Erweiterung des
Dictionaries im Level 1 nicht möglich ist, wird im Level 2 die
Kapazität des Dictionaries bei Bedarf automatisch vergrößert.

```
/neuedict 10 dict def   % Neue Dictinary anlegen
```

---

dictstack		Dictionarystack auslesen
Array	**dictstack** ⇒	*Teil-Array*

Der Inhalt des Dictionary-Stacks wird in das »Array« übertragen. Der unterste Eintrag im Dictionary-Stack findet sich in
der ersten Position im Array, das nach dem Befehl auf den
(Operanden-) Stack gelegt wird.

```
/dictarray              % Name für »def«.
countdictstack array    % Passendes Array anlegen,
dictstack               % auffüllen
def                     % und zuweisen.
```

---

div		Dividiere
Zahl1 Zahl2	**div** ⇒	*Zahl3*

Die »Zahl1« wird durch die »Zahl2« dividiert und das Ergebnis
(»Zahl3«) auf dem Stack hinterlegt. Die »Zahl3« ist immer
vom Typ »Real«.

```
25 10           div     ⇒         2.5
4.1 -2          div     ⇒        -2.05
```

---

dtransform		Distanz Transformieren
dx dy	**dtransform** ⇒	*dx' dy'*
dx dy matrix	**dtransform** ⇒	*dx' dy'*

Die Distanz zwischen zwei Punkten (dx, dy) wird mit der
aktuellen Transformationsmatrix in die Distanz in Gerätekoordinaten (dx', dy') umgerechnet. In der zweiten Variante
des Befehls kann zur Transformation statt der Aktuellen eine
eigene Transformationsmatrix herangezogen werden.

```
% In dem folgenden Beispiel wird mit dem Befehl
% »dtransform« dafür gesorgt, daß das Ziel
% des Befehl »rlineto« exakt auf einem Pixel
% endet. Dazu werden die Distanzen des Befehls
% »rlineto« in Gerätekoordianten transferiert,
% gerundet und wieder zurücktransferiert.
/RLINETO {                  % Gerundetes »rlineto«
    dtransform              % Distanz transferieren,
    round exch round exch   % runden,
    idtransform             % zurücktransferieren
    rlineto                 % und ausführen.
    } bind def
```

<table>
<tr><td>dup</td><td></td><td></td><td align="right">Duplizieren</td></tr>
<tr><td>Beliebig</td><td>dup</td><td>⇒</td><td align="right">Beliebig Beliebig</td></tr>
</table>

Der oberste Eintrag auf dem Stack wird verdoppelt. Bei komplexen Objekten wird nur die Referenz verdoppelt.

4711   ***dup***   ⇒   *4711 4711*

<table>
<tr><td>echo</td><td></td><td align="right">Eingabeecho umschalten</td></tr>
<tr><td>Boolean</td><td>echo</td><td>⇒</td><td align="right">-</td></tr>
</table>

Mit dem Befehl »echo« wird nach dem Befehl »executive« die Ausgabe der eingegebenen Daten ein- (true) oder ausgeschaltet (false).

<table>
<tr><td>eexec</td><td></td><td align="right">Daten entschlüsseln</td></tr>
<tr><td>File/String</td><td>eexec</td><td>⇒</td><td align="right">-</td></tr>
</table>

Der Inhalt der geöffneten Datei oder des Strings wird entschlüsselt. Dieser Befehl wird beim Laden von Fonts verwendet.

<table>
<tr><td>end</td><td></td><td align="right">Dictionary schließen</td></tr>
<tr><td>-</td><td>end</td><td>⇒</td><td align="right">-</td></tr>
</table>

Mit dem Befehl »end« wird der oberste Eintrag vom Dictionarystack genommen.

```
xydict begin    % Dictionary 'öffnen'
   /x 10 def ... % Beliebige Operationen
end             % xydict wieder 'schließen'
```

<table>
<tr><td>eoclip</td><td></td><td align="right">Even-Odd-Clip</td></tr>
<tr><td>-</td><td>eoclip</td><td>⇒</td><td align="right">-</td></tr>
</table>

Zur Bestimmung des geclippten Bereiches wird die Even-Odd-Regel angewendet.

eofill	Füllen nach Even-Odd-Regel
- **eofill** ⇒	-

Der aktuelle Pfad wird mit der Even-Odd-Regel gefüllt.

```
/Box {
   100 0 rlineto 0 100 rlineto
   -100 0 rlineto closepath
   } def
100 100 moveto Box % 1. Box
150 150 moveto Box % 2. Box
eofill
showpage
```

eoviewclip	Viewclip nach Even-Odd-Regel
- **eoviewclip** ⇒	-

Display-PostScript-Befehl für »viewclip« nach der Even-Odd-Regel.

eq	Prüfe Gleichheit
Beliebig1 Beliebig2 **eq** ⇒	*Boolean*

Mit dem Befehl »eq« werden die obersten beiden Einträge des Stacks miteinander verglichen. Sind sie identisch, wird der logische Wert »true« auf den Stack gelegt, ansonsten der Wert »false«. Namen und String werden zeichenweise verglichen. Eine Name und ein String können direkt miteinander verglichen werden.

```
3 3.0          eq      ⇒      true
(ab) (bc)      eq      ⇒      false
(ab) /ab       eq      ⇒      true
```

erasepage	Seite löschen
- **erasepage** ⇒	-

Die gesamte Seite wird unabhänging von dem aktiven Clippfad mit dem Grauwert 1 gefüllt. Die Wirkung des Befehls hängt auch von dem Befehl »settransfer« ab.

exch	Stackeinträge tauschen
Beliebig1 Beliebig2 **exch** ⇒	*Beliebig2 Beliebig1*

Der Tausch der beiden obersten Stackeinträge wird mit dem Befehl »exch« bewerkstelligt.

```
47 /a          exch      ⇒      /a 47
```

---

exec   Objekt ausführen

Beliebig   **exec**   ⇒   -

Mit dem Befehl »exec« wird der oberste Eintrag an den
Interpreter zur Ausführung übergeben. Hat das Objekt das
Attribut »ausführbar« nicht gesetzt, wird es unverändert wieder
auf den Stack zurückgelegt. Im anderen Fall wird das Objekt
ausgeführt.

```
7 4 systemdict /sub get    exec  ⇒              4
(7 4 sub) cvx              exec  ⇒              4
(7 4 sub)                  exec  ⇒    (7 4 sub)
```

Level 2 ## execform   Formular erzeugen **Level 2**

Dictionary   **execform**   ⇒   -

Das in dem »Dictionary« abgelegte Formular wird ausgeführt.
Im Wesentlichen wird der Eintrag »PaintProc« in diesem
Dictionary zur Ausführung gebracht.

---

execstack   Ausführungs-Stack auslesen

Array   **execstack**   ⇒   *Teilarray*

Der Inhalt des Ausführungs-Stacks wird in das angegebene
Array gespeichert, wobei der unterste Eintrag im Ausführungs-
Stack der erste Eintrag im Array bildet. Dieser Befehl ist im
wesentlichen für die Fehlerbehandlung interessant.

```
countexecstack array  % Array anlegen
execstack             % und füllen.
/ESTACK exch def      % Array merken.
```

Level 2 ## execuserobjekt   Benutzer-Objekt ausführen **Level 2**

Index   **execuserobjekt**   ⇒   -

Das »Userobject« mit der Index-Nummer »Index« wird zur
Ausführung gebracht.

```
11 execuserobject
```

---

executeonly   Attribut »nur ausführbar«

PFAS   **executeonly**   ⇒   *PFAS*

Das Objekt »PFAS«, das vom Typ »packedarray«, »file«,
»array« oder »string« sein kann, wird durch den Befehl
»executeonly« mit dem Attibut »nur ausführbar« versehen.
Dadurch ist dieses Objekt nicht mehr beschreibbar und nicht
mehr lesbar.

```
/Geheim { (geheim) show } executeonly def
```

---

executive   Interaktivmode starten

| - | **executive** | ⇒ | - |

Die interaktive Betriebsart wird aktiviert.

---

exit   Schleifenabbruch

| - | **exit** | ⇒ | - |

Mit dem Befehl »exit« wird die innerste Schleife, in der der
Interpreter sich befindet, abgebrochen.

```
/zaehler 0 def
{ zaehler ==      % Hier nur ausgeben
  /zaehler zaehler 1 add def
  zaehler 1200 eq { exit } if
} loop            % Endlosschleife
% Hier landen wir nach 1200 Durchläufen.
```

---

exp   Exponentialzahl

| *Basis Exponent* | **exp** | ⇒ | *Ergebnis* |

Eine Zahl kann auch in ihrer Exponentialschreibweise angegeben werden. Dies geschieht durch die Angabe der Basis und
des Exponenten gefolgt von dem Aufruf der Funktion »exp«.
Der berechnete Wert wird anschließend als Fließkommazahl
auf dem Stack gelegt. Basis und Exponent können vom Typ
Integer oder Real sein.

```
3 2            exp          ⇒          9.
25 0.5         exp          ⇒          5.
9 1.5          exp          ⇒          27.
```

---

false   »false« erzeugen

| - | **false** | ⇒ | *false* |

Der logische Wert »false« wird auf den Stack gelegt.

```
(Test) false charpath       % Typische Anwendung
```

---

file   Datei öffnen

| *String1 String2* | **file** | ⇒ | *File* |

Die in »String1« angegebene Datei wird entsprechend dem
Auftrag in »String2« geöffnet und der geöffnete Datenstrom
auf dem Stack hinterlegt. Gültige Aufträge sind Lesen (r),
Schreiben (w), Anfügen (a), Lesen + Schreiben (r+), Lesen +
Schreiben mit Abschneiden (w+) und schließlich Lesen +
Anfügen (a+).

```
/Test (Testdaten) (w) file def
```

Level 2 | **filenameforall** | Dateien suchen und bearbeiten | **Level 2**
Muster Prozedur String | **filenameforall** | ⇒ | -

Alle Dateien, die dem angegebenen »Muster« entsprechen,
werden mit der »Prozedur« bearbeitet. Dies geschieht, indem
jeder gefundene Dateiname nacheinander in den »String«, dem
dritten Argument, kopiert wird. Der so gefüllte String wird auf
den Stack gelegt und die Prozedur ausgeführt.

In dem Muster können die folgenden Metasymbole enthalten
sein.

* Ersetzt eine beliebige Anzahl Zeichen.
? Ersetzt ein Zeichen.
\ Fluchtsymbol; wenn '*' oder '?' verlangt werden.
  (Stern=*).

```
% Alle Fontdateien auf der Platte ausgeben.
(fonts/*) { == } 40 string filenameforall
```

Level 2 | **fileposition** | Dateiposition | **Level 2**
File | **fileposition** | ⇒ | *Zahl*

Die erreichte Position in der geöffneten Datei »File« wird auf
den Stack gelegt. Diese Zahl gibt an, wieviele Bytes in der
Datei schon bearbeitet sind.

---

fill | | | Füllen
- | **fill** | ⇒ | -

Der aktuelle Pfad wird geschlossen und mit der »Non-Zero-
Winding«-Regel gefüllt. Anschließend wird der aktuelle Pfad
gelöscht.

Level 2 | **filter** | »false« erzeugen | **Level 2**
Quelle/Ziel ... Name | **filter** | ⇒ | *File*

Erzeugt einen gefilterten Datenstrom, öffnet diesen und legt ihn
auf dem Stack ab. Der gewünschte Filter wird mit dem
Argument »Name« ausgewählt.

```
% Eine typische Anwendung der Filter ist das
% Einlesen von Bilddaten (siehe »image«).
%
Bildbreite Bildhoehe 8  % Bits/Pel
[Bildbreite 0 0 Bildhoehe 0 0] % Transformation
currentfile /ASCIIHexDecode filter
image
ffaf23ff23dd...... Es folgen die Bilddaten


% TIFF-Komprimierte Bilder können wie folgt
% eingelesen werden:
```

```
%
Bildbreite Bildhoehe 8  % Bits/Pel
[Bildbreite 0 0 Bildhoehe 0 0] % Transformation
currentfile /ASCIIHexDecode filter
/RunLengthDecode filter % Hex -> TIFF -> Binär
image
... Es folgen die Bilddaten
```

---

findencoding   Encodingvektor suchen

Schlüssel   **findencoding**   ⇒   *Array*

In der Resourcekategorie »Encoding« wird nach einem Encodingvektor gesucht, der unter dem Namen »Schlüssel« dort abgelegt ist.

```
/StandardEncoding findencoding
```

---

findfont   Ein Font suchen

Schlüssel   **findfont**   ⇒   *Dictionary*

Ein Font mit dem Namen »Schlüssel« wird gesucht und das gefundene Font auf dem Stack gespeichert. Wird kein Font mit dem angegebenen Namen gefunden, wird die Suche bei manchen Implementationen auf der Festplatte fortgesetzt.

In Level 2 verbirgt sich hinter dem Befehl »findfont« ein Aufruf von »findresource« mit der Kategorie »/Font«.

```
/Helvetica findfont 12 scalefont setfont
```

---

findresource   Eine Resource aktivieren

Schlüssel Kategorie   **findresource**   ⇒   *Instanz*

Eine Resource der angegebenen Kategorie wird nach einer Instanz mit dem Namen »Schlüssel« durchsucht und diese Instanz anschließend auf dem Stack hinterlegt. Ist der Speichermodus »local«, wird zuerst im lokalen VM und anschließend im globalen VM nach der Instanz gesucht. Falls der Speichermodus aber »global« ist, wird nur im globalen VM gesucht.

Wird die Instanz nicht gefunden, versucht der Interpreter sie auf den angeschlossenen externen Speichermedien zu finden. Die genaue Vorgehensweise ist im Sprachstandard nicht definiert und ist von der Implementation des Interpreters abhängig.

```
/Helvetica /Font findresource % = »findfont«.
/StandardEncoding /Encoding findresource
                        % = »findencoding«.
```

---

flattenpath   Kurven vektorisieren
| - | **flattenpath** | $\Rightarrow$ | - |

Alle Bezierkurven im aktuellen Pfad werden durch den Befehl
»flattenpath« in kleine Geradenstücke umgewandelt.

---

floor   Nächstkleinere Zahl
| *Zahl1* | **floor** | $\Rightarrow$ | *Zahl2* |

Dieser Befehl sucht die ganze Zahl, die gleich oder kleiner der
Zahl »Zahl1« ist. Der Typ des Ergebnisses ist identisch mit
dem Typ von »Zahl1«.

```
7.7          floor          =>          7.
-4.5         floor          =>          -5.
```

---

flush   Schreiben erzwingen
| - | **flush** | $\Rightarrow$ | - |

Die Ausgabe der Daten, die zum Standardausgabekanal
geschickt wurden, wird erzwungen.

---

flushfile   Schreiben erzwingen
| *File* | **flushfile** | $\Rightarrow$ | - |

Die Ausgabe der Daten, die zum Ausgabekanal »File«
geschickt wurden, wird erzwungen.

---

for   »for«-Schleife
| *Start Schritt Ende Prozedur* | **for** | $\Rightarrow$ | - |

Mit dem Befehl »for« wird eine Prozedur abhängig von einer
Laufvariablen bearbeitet. Die Laufvariable wird mit dem Wert
»Start« initialisiert und nach jedem Schleifen-Durchlauf um
den »Schritt« erhöht. Die Wiederholung der Prozedur wird
beendet, wenn der Wert der Laufvariablen das »Ende«
überschreitet bzw. unterschreitet (bei negativem »Schritt«). Vor
jeder Ausführung der Prozedur wird der aktuelle Wert der
Laufvariablen auf den Stack gelegt.

```
1 2 9 { (Laufvariable = ) print == } for
% Weiteres Beispiel unter dem Befehl
% »currenttransfer«
```

---

forall	Alle Elemente bearbeiten
SPAD Prozedur	**forall** ⇒ -

Der Inhalt der komplexen Objekte »String«, »Packedarray«, »Array« und »Dictionary« (=SPAD) kann mit dem Befehl »forall« bearbeitet werden. Dies geschieht, indem für jeden Eintrag von »SPAD« dieser Eintrag auf den Stack gelegt und die angegebene Prozedur aufgerufen wird. Ist das komplexe Objekt ein Dictionary, wird für jeden Eintrag der Schlüssel und der dazugehörige Wert vor der Ausführung der Prozedur auf den Stack gelegt.

```
[1 4] { 1 add }        forall        ⇒        2 5
% Weitere Beispiele unter den Befehlen
% »currentsystemparams« oder »definefont«
```

Display PS	**fork**	Neuer Prozess	Display PS
	Marke ... **fork** ⇒ *Context*		

In Display-PostScript wird mit dem Befehl »fork« ein weiterer Prozess gestartet.

Level 2	**gcheck**	Objekt global?	Level 2
	Beliebig **gcheckrray** ⇒ *Boolean*		

Der Befehl »gcheck« prüft, ob das angegebene Objekt »Beliebig« komplex (Array, String o.ä) und ob dieses Objekt im lokalen Speicher definiert ist. Nur wenn beide Bedingungen wahr sind, wird der logische Wert »false« auf den Stack gelegt, ansonsten der Wert »true«.

---

ge	Größer oder gleich?
Zahl1 Zahl2 **ge** ⇒ *Boolean*	
String1 String2 **ge** ⇒ *Boolean*	

Zwei Zahlen oder zwei Strings können durch den Befehl »ge« miteinander verglichen werden. Die Antwort auf dem Stack ist »true«, falls das erste Argument größer als oder gleichgroß wie das zweite Argument ist. Die Strings werden zeichenweise anhand der ASCII-Werte verglichen.

```
2.3 3           ge        ⇒        true
(ab) (ac)       ge        ⇒        false
(aba) (ab)      ge        ⇒        true
```

---

get   Element extrahieren

SPAD Platz   **get**   ⇒   *Wert*

Mit dem Befehl »get« kann ein einzelnes Element aus einem
komplexen Objekt »SPAD« geholt werden. Der »Platz« in dem
Objekt ist bei einem String, Array oder Packedarray der Index,
bei einem Dictionary der Schlüssel. Das gefundene Element
»Wert« wird auf dem Stack hinterlegt.

```
[/a /b] 1          get          ⇒          /b
(ABC) 2            get          ⇒          67
```

---

getinterval   Bereich extrahieren

SPA1 Start Länge   **getinterval**   ⇒   *SPA2*

Aus Strings und Arrays lassen sich Teilbereiche durch den
Befehl »getinterval« herauslösen. Das erste der drei geforderten
Argumente ist die Quelle »SPA1«, das zweite Argument bestimmt die Position, bei der die Extration beginnen soll
(»Start«) und das dritte Argument gibt die Länge des herauszu-
lösenden Teils an. Nach der Ausführung des Befehls steht das
herausgelöste Teil auf dem Stack (»SPA2«).

```
(abcd) 1 2          getinterval          ⇒          (bc)
[/a /b /c] 0 1      getinterval          ⇒          [/a]
```

Level 2 ## globaldict   Globale Dictionary **Level 2**

-                 **globaldict**   ⇒   *Dictionary*

Das Dictionary »globaldict« wird auf den Operandenstack
gelegt.

Level 2 ## glyphshow   Zeichen drucken **Level 2**

Name   **glyphshow**   ⇒   -

Der Befehl »glyphshow« erlaubt die Ausgabe eines Zeichens in
einem Font ohne den Umweg über den Encodingvektor. Hierzu
wird der Name des zu druckenden Zeichens direkt ausgewertet.
Eine Anwendung von »glyphshow« bei Compositefonts (Typ 0)
ist nicht erlaubt.

```
/Helvetica 10 selectfont
100 100 moveto
(Nun folgt der deutsche Umlaut ) show
/Adieresis glyphshow
showpage
```

---

grestore   Gstate restaurieren

| - | grestore | ⇒ | - |

Der oberste Eintrag des Gstate-Stacks wird von diesem Befehl
entnommen und zum aktiven graphischen Status erklärt.

```
% Eine Box füllen und umrahmen.
100 100 moveto 100 0 rlineto 0 100 rlineto
-100 0 rlineto closepath
gsave % Gstate (incl. akt. Pfad) merken.
0.8 setgray fill % Pfad ist nun gelöscht!
grestore          % Gstate restaurieren.
1 setlinewidth stroke
```

---

grestoreall   Zum ersten Gstate

| - | grestoreall | ⇒ | - |

Der graphische Stack (Gstate-Stack) wird bis zum zuletzt
aufgerufenen Savelevel abgebaut, d.h. der graphische Zustand
des zuletzt aufgerufenen Befehls »save« ist nun wieder aktiv.

---

gsave   Graphischen Zustand retten

| - | gsave | ⇒ | - |

Der aktuelle graphische Zustand wird auf dem Gstate-Stack
gespeichert.

Siehe Beispiel unter »grestore«.

---

gstate   Gstate-Objekt erzeugen

Level 2 | - | gstate | ⇒ | *Gstate* | Level 2

Mit dem Befehl »gstate« wird ein neues Objekt vom Typ Gstate
erzeugt und auf dem (Operanden-) Stack gespeichert. Der
Inhalt des neuen Objektes entspricht dem graphischen Zustand
zum Zeitpunkt des Aufrufs von »gstate«.

---

gt   Größer?

| *Zahl1 Zahl2* | **gt** | ⇒ | *Boolean* |
| *String1 String2* | **gt** | ⇒ | *Boolean* |

Zwei Zahlen oder zwei Strings können durch den Befehl »gt«
miteinander verglichen werden. Die Antwort auf dem Stack ist
»true«, falls das erste Argument größer als das zweite Argument ist. Die Strings werden zeichenweise anhand der ASCII-
Werte verglichen.

```
2.3 3        gt      ⇒      true
(ab) (ac)    gt      ⇒      false
(aba) (ab)   gt      ⇒      true
```

identmatrix

Array	**identmatrix**	⇒	*Array*

Das im Argument verlangte, sechs Elemente große Array wird mit der Identitätsmatrix gefüllt.

```
6 array   identmatrix   ⇒   [1. 0. 0. 1. 0. 0.]
```

idiv

Integer1 Integer2	**idiv**	⇒	*Integer3*

Die beiden ganzen Zahlen werden durcheinander dividiert und der ganzzahlige Anteil der Division als Ergebnis auf den Stack gelegt.

```
7 3        idiv        ⇒         2
-7 2       idiv        ⇒        -3
```

idtransform

dx' dy'	**idtransform**	⇒	*dx dy*
dx' dy' matrix	**idtransform**	⇒	*dx dy*

Die Distanz (dx', dy') zwischen zwei Punkten in Gerätekoordinaten wird mit der aktuellen Transformationsmatrix in die Distanz in Weltkoordinaten (dx, dy) umgerechnet. In der zweiten Variante kann zur Transformation statt der aktuellen eine eigene Transformationsmatrix herangezogen werden.

```
% Ein Beispiel für die Anwendung des Befehls
% »idtransform« befindet sich bei der
% Beschreibung des Befehl »dtransform«.
```

if

Boolean Prozedur	**if**	⇒	-

Der Befehl »if« führt in dem Fall, daß das erste Argument den Wert »true« hat, die Prozedur aus. Andernfalls wird keine Aktion ausgeführt.

```
3 4 lt { (3 < 4) show } if
% Praxisnahe Beispiele finden sich unter anderem
% bei dem Befehl »exit«.
```

---

ifelse		IF-ELSE-Abfrage
Boolean Prozedur1 Prozedur2	**ifelse** ⇒	-

Wenn der Wert des ersten Arguments »true« ist, wird die »Prozedur1« ausgeführt, ansonsten die »Prozedur2«.

```
% Wir prüfen, ob der rechte Rand (300)
% überschritten ist.
currentpoint pop    % Aktueller X-Wert
300 gt              % 300 überschritten?
{ next_line }       % Ja!
{ Passung }         % Nein!
ifelse              % Auswertung


% Praxisnahe Beispiele finden sich unter anderem
% bei dem Befehl »definefont«.
```

---

image		Bildverarbeitung
Breite Höhe Bits Matrix Source	**image** ⇒	-
Dictionary	**image** ⇒	-

Ein Bild mit »Breite« Bildelementen in X- und »Höhe« Bildelementen in Y-Richtung und den angegebenen »Bits«-je-Bildelement wird von der »Source« eingelesen. Letztere »Source« ist in Level 1 immer eine Prozedur, während sie in Level 2 eine beliebige Datenquelle sein kann. Das vierte Argument, die »Matrix«, bestimmt die Transformation des Bildes.

Die Variante des »image«-Befehls mit dem »Dictionary« als einzigem Argument steht nur in Level 2 zur Verfügung. Alle für das Bild relevanten Informationen sind in diesem Dictionary enthalten. Weitere Einträge in diesem Dictionary ermöglichen es, auch Farbbilder einzulesen.

```
/Bildbreite 100 def
/Bildhoehe  200 def
/str Bildbreite string def % Bei 8 Bit/Pel
Bildbreite Bildhoehe 8  % Bits/Pel
[Bildbreite 0 0 Bildhoehe 0 0] % Transformation
{ currentfile str readhexstring pop } % Lesen
image   % Bild bearbeiten
ffaf23ff23dd...... Es folgen die Bilddaten
```

---

imagemask		Bildmaskenverarbeitung
Breite Höhe SW Matrix Source	**imagemask** ⇒	-
Dictionary	**imagemask** ⇒	-

Eine Bild mit »Breite« Bildelementen in X- und »Höhe« Bildelementen in Y-Richtung wird von der »Source« eingelesen. Diese »Source« ist in Level 1 immer eine Prozedur, während sie in Level 2 eine beliebige Datenquelle sein kann. Das vierte Argument, die »Matrix«, bestimmt die Transformation des Bildes.

Der Befehl »imagemask« akzeptiert nur Masken mit einem Bit je Bildelement. Ein Bildelement kann daher nur den Wert »0«

oder »1« annehmen. Das dritte Argument »SW« gibt nun an, ob die Bildelemente mit dem Wert »0« oder die mit dem Wert »1« zum Erzeugen des Bildes verwendet werden. Bei dem jeweils anderen Wert bleibt der Hintergrund unverändert. Bildelemente mit dem Wert 0 werden gezeichnet, wenn »SW« den Wert »false« hat. Analog ist der Wert 1 bei »true« gültig. Die zu zeichnenden Bildelemente werden in der aktuellen Farbe (Grauwert) gefüllt.

Die Variante des »imagemask«-Befehls mit dem »Dictionary« als einzigem Argument steht nur in Level 2 zur Verfügung. Alle für das Bild relevanten Informationen sind in diesem Dictionary enthalten. Die Bedeutung des Parameters »SW« übernimmt hier der Eintrag »Decode«. Ein Wert »[1 0]« entspricht »true« und das Array »[0 1]« entspricht »false«.

```
% In diesem Beispiel werden die Parameter über
% ein Dictionary übergeben.
0.8 setgray
100 100 50 50 rectfill   % Bildhintergrund
gsave
0 setgray
100 100 translate
50 50 scale
10 dict begin          % Dies wird die image-dict
   /ImageType 1 def    % Ist immer 1
   /Width   16 def     % Bildbreite
   /Height   4 def     % Bildhoehe
   /BitsPerComponent 1 def
   /Decode [1 0] def   % true
   /ImageMatrix [Width 0 0 Height 0 0] def
   /DataSource        % Datenquelle
      currentfile /ASCIIHexDecode filter def
   currentdict end
imagemask
f00f 0ff0 f3cf 3c3c >
grestore
showpage
```

---

index   N-tes Element

... N   **index**   ⇒   *»N-tes Element«*

Das Argument des Befehls »index« dient als Index für einen Zugriff in den Stack, wobei der Index 0 das oberste Element, der Index 1 das zweitoberste Element usw. adressiert. Dieses Element wird dann wie bei dem Befehl »dup« als Duplikat oben auf den Stack gelegt.

```
/a /b /c 1        index       ⇒        /a /b /c /b
/a /b /c 2        index       ⇒        /a /b /c /a
```

Level 2 **ineofill**   Punkt in Even-Odd-Füllung? **Level 2**

x y   **ineofill**   ⇒   *Boolean*
userpath   **ineofill**   ⇒   *Boolean*

Wie »infill« mit der Ausnahme, daß die Even-Odd-Regel angewandt wird.

<table>
<tr><td rowspan="3">Level 2</td><td colspan="4">infill   Punkt in Füllung?</td><td rowspan="3">Level 2</td></tr>
<tr><td>x y</td><td>infill</td><td>⇒</td><td>Boolean</td></tr>
<tr><td>userpath</td><td>infill</td><td>⇒</td><td>Boolean</td></tr>
</table>

In der ersten Form des Befehls »infill« wird kontrolliert, ob der Punkt mit den Koordinaten (x, y) innerhalb des Bereiches des aktuellen Pfades liegt, der von dem Befehl »fill« jetzt gefüllt würde. Ist das der Fall, gibt die Funktion den Wert »true« zurück, ansonsten den Wert »false«.

Die zweite Form des Befehls »infill« liefert den Wert »true«, wenn der gefüllte »Userpath« und der gefüllte aktuelle Pfad gemeinsame Pixel gesitzen.

Der Befehl »infill« ignoriert den Clippingpfad.

```
200 200 100 0 360 arc % Akt. Pfad
200 200            infill            ⇒            true
100 100            infill            ⇒            false
200 100            infill            ⇒            true
```

<table>
<tr><td>initclip</td><td>Clippfad initialisieren</td></tr>
<tr><td>-   initclip   ⇒</td><td>-</td></tr>
</table>

Der Clippfad wird in den für das Gerät typischen Grundzustand gebracht. Dieser Befehl sollte nicht angewendet werden, da dann das Programm nicht mehr ohne Probleme in andere Programme integriert werden kann. Es gibt eigentlich auch keine Notwendigkeit für diesen Befehl. Wird der Befehl trotzdem in einem normalen PostScript-Programm benötigt, liegt ein Designfehler vor.

<table>
<tr><td>initgraphics</td><td>Graphischen Status restaurieren</td></tr>
<tr><td>-   initgraphics   ⇒</td><td>-</td></tr>
</table>

Der graphische Zustand wird in die Ausgangsstellung gebracht. Es sind davon die folgenden Elemente des graphischen Status betroffen: Transformation, Pfad, Clippfad, Farbraum, Farbe, Linienstärke, Linienenden, Linienübergänge, Linienspitzen und Strichelung.

Dieser Befehl sollte nicht angewendet werden, da dann das Programm nicht mehr ohne Probleme in andere Programme integriert werden kann. Es gibt eigentlich auch keine Notwendigkeit für diesen Befehl. Wird der Befehl trotzdem in einem normalen PostScript-Programm benötigt, liegt ein Designfehler vor.

---

initmatrix — Transformation initialisieren

-	**initmatrix**	⇒	-

Die Transformation wird in den für das Ausgabegerät typischen Grundzustand gebracht. Dieser Befehl sollte nicht angewendet werden, da dann das Programm nicht mehr ohne Probleme in andere Programme integriert werden kann. Es gibt eigentlich auch keine Notwendigkeit für diesen Befehl. Wird der Befehl trotzdem in einem normalen PostScript-Programm benötigt, liegt ein Designfehler vor.

---

initviewclip — Viewclippfad initialisieren

-	**initviewclip**	⇒	-

In Display-PostScript-Systemen wird mit dem Befehl »initviewclip« der Viewclippfad auf die maximale Größe ausgedehnt.

---

instroke — Punkt im Stroke-Bereich?

x y	**instroke**	⇒	*Boolean*
userpath	**instroke**	⇒	*Boolean*

In der ersten Form des Befehls »instroke« wird kontrolliert, ob der Punkt mit den Koordinaten (x, y) in einem Bereich liegt, der von einem Befehl »stroke« jetzt überschrieben würde. In diesem Fall gibt die Funktion den Wert »true« zurück, ansonsten den Wert »false«.

Die zweite Form des Befehls »instroke« liefert den Wert »true«, wenn der gefüllte »Userpath« und der mit »stroke« ausgegebene aktuelle Pfad gemeinsame Pixel gesitzen.

Der Befehl »instroke« ignoriert den Clippingpfad.

```
100 100 moveto 200 100 lineto
20 setlinewidth % akt. Pfad
200 200    instroke    ⇒    false
100 100    instroke    ⇒    true
200 105    instroke    ⇒    true
```

---

internaldict — Internaldict holen

1183615869	**internaldict**	⇒	*Dictionary*

Mit der angegebenen Zahl als Argument und dem Befehl »internaldict« kann das gleichnamige Dictionary auf den Stack geholt werden. Der Inhalt dieses Dictionaries dient druckerinternen Zwecken und wird nur im Zusammenhang mit Type-1-Fonts von PostScript-Programmen benötigt.

Level 2	**inueofill**		Punkt im Userpfad?		Level 2
	x y	**inueofill**	⇒	*Boolean*	
	userpath	**inueofill**	⇒	*Boolean*	

Wie »inufill« mit der Ausnahme, daß die Testfüllung mit der Even-Odd-Regel vorgenommen wird.

Level 2	**inufill**		Punkt im Userpfad?		Level 2
	x y userpath	**inufill**	⇒	*Boolean*	
	userpath1 userpath2	**inufill**	⇒	*Boolean*	

In der ersten Form des Befehls »inufill« wird kontrolliert, ob der Punkt mit den Koordinaten (x, y) an einer Stelle liegt, der von einer Füllung des angegebenen Userpaths verändert würde. In diesem Fall gibt die Funktion den Wert »true« zurück, ansonsten den Wert »false«.

Die zweite Form des Befehls »inufill« liefert den Wert »true«, wenn der gefüllte »Userpath1« und der gefüllte »Userpath2« gemeinsame Pixel gesitzen.

Der Befehl »inufill« ignoriert den Clippingpfad.

Level 2	**inustroke**		Punkt im stroked Userpath?		Level 2
	x y userpath	**inustroke**	⇒	*Boolean*	
	x y userpath matrix	**inustroke**	⇒	*Boolean*	
	userpath1 userpath2	**inustroke**	⇒	*Boolean*	
	userpath1 userpath2 matrix	**inustroke**	⇒	*Boolean*	

In der ersten Form des Befehls »inustroke« wird kontrolliert, ob der Punkt mit den Koordinaten (x, y) in einem Bereich liegt, der von einem Befehl »ustroke« mit dem angegebenen *Userpath* überschrieben würde. In diesem Fall gibt die Funktion den Wert »true« zurück, ansonsten den Wert »false«.

In der zweiten Form des Befehls »inustroke« wird der Userpath mit der Verknüpfung aus aktueller Transformation und Matrix interpretiert.

Die dritte und vierte Form des Befehls »inustroke« liefert den Wert »true«, wenn der gefüllte »Userpath1« und der gestrokete »Userpath2« gemeinsame Pixel gesitzen.

Der Befehl »inustroke« ignoriert den Clippingpfad.

invertmatrix		Invertiere Matrize
Matrix1 Matrix2	**invertmatrix** ⇒	*Matrix2*

Der Inhalt der »Matrix2« wird mit der inversen Matrize »Matrix1« überschrieben.

---

itransform		Distanz zurücktransformieren
x' y'	**itransform** ⇒	*x y*
x' y' matrix	**itransform** ⇒	*x y*

Die Koordinaten eines Punktes in Gerätekoordinaten (x', y') wird mit der aktuellen Transformationsmatrix in die Weltkoordinaten (x, y) umgerechnet. In der zweiten Variante kann zur Transformation statt der aktuellen eine eigene Transformationsmatrix herangezogen werden.

```
% Ein Beispiel für die Anwendung des Befehls
% »itransform« befindet sich bei der
% Beschreibung des Befehl »transform«.
```

---

join		Auf Prozess warten
Kontext	**join** ⇒	*Marke Diverses*

Display PS

In Display-PostScript-Systemen kann mit dem Befehl »join« auf die Beendigung eines Prozesses mit der Kontextnummer »Kontext« gewartet werden. Der Inhalt des Stacks des dann beendeten Prozesses ist oberhalb der Markierung zu finden.

---

known		Name bekannt?
Dictionary Schlüssel	**known** ⇒	*Boolean*

Es wird geprüft, ob es einen Eintrag mit dem Namen »Schlüssel« in dem »Dictionary« gibt. Falls das der Fall ist, wird der Wert »true« zurückgeliefert, ansonsten der Wert »false«.

```
% Feststellen, ob es in dem aktuellen
% Dictionary den Eintrag »Rand« gibt
% und diesen gegebenenfalls ausgeben.
(Rand = ) show
currentdict /Rand known
{ Rand 20 string cvs }
{ (unbekannt) }
ifelse
show    % Ergebnis ausgeben
```

---

kshow		Textausgabe mit Funktionsaufruf
Prozedur String	**kshow** ⇒	-

Der Befehl »kshow« funktioniert wie der Befehl »show« mit der zusätzlichen Eigenschaft, daß zwischen der Ausgabe der einzelnen Buchstaben jeweils die ASCII-Kodes des zuletzt ausgegebenen und des nun zur Ausgabe anstehenden Zeichens auf den Stack gelegt und die »Prozedur« ausgeführt wird. Diese Eigenschaft kann man beispielsweise zum automatischen Unterscheiden bestimmter Buchstabenpaare wie beispielsweise »T« und »e« = »Te« verwenden.

```
/Tcode (T) 0 get def   % Ascii-Code von 'T'
/ecode (e) 0 get def   % Ascii-Code von 'e'
```

```
/Helvetica findfont 14 scalefont setfont
100 200 moveto
(Dies ist Test1) show  % Zum Vergleich

100 100 moveto
{  % Bei jedem Aufruf dieser Prozedur stehen
   % zwei Ascii-Codes auf dem Stack.
   ecode eq              % zweites Zeichen = 'e'?
   exch Tcode eq         % erstes Zeichen = 'T'?
   and                   % 'T' + 'e' ?
   { (e) stringwidth     % Länge von 'e' holen
     pop 4 div           % 1/4 des X-Wertes
     neg 0 rmoveto       % nach links bewegen
   }
   if                    % Nur bei 'T' + 'e'
}                        % Ende der 'kshow'-Proz.
(Dies ist Test2)
kshow
showpage
```

Dies ist Test1

Dies ist Test2

<table>
<tr><td rowspan="2">Level 2</td><td>

languagelevel

</td><td>Welcher PostScript Level?</td><td rowspan="2">Level 2</td></tr>
<tr><td>-   **languagelevel**   ⇒   *Integer*</td></tr>
</table>

In Level 2 wird als Antwort die Zahl 2 zurückgegeben. In Level
1 ist die Antwort, falls dieser Befehl überhaupt existiert, die
Zahl 1. Gewöhnlich wird es diesen Befehl in Level 1 nicht
geben.

```
/languagelevel where
{ /languagelevel get }
{ 1 }
ifelse  % Anwort von 'where' auswerten.
```

---

le	Kleiner oder gleich?
Zahl1 Zahl2 **le**	⇒ *Boolean*
String1 String2 **le**	⇒ *Boolean*

Zwei Zahlen oder zwei Strings können durch den Befehl »le«
miteinander verglichen werden. Die Antwort auf dem Stack ist
»true«, falls das erste Argument kleiner als oder gleichgroß wie
das zweite Argument ist. Die Strings werden zeichenweise
anhand der ASCII-Werte verglichen.

```
2.3 3                le        ⇒        false
(ab) (ac)            le        ⇒        true
(aba) (ab)           le        ⇒        false
```

---

length	Länge
SPAD/Name **length**	⇒ *Integer*

Die Länge eines komplexen Objektes (String, Packedarray,
Array, Dictionary) oder eines Namens wird ausgegeben. Ist das
Objekt ein Dictionary, wird nur die Anzahl der aktiven
Einträge ausgegeben. Wenn das Objekt ein Name ist, wird die
Zahl der Zeichen des Namens zurückgegeben.

```
/a 3 array def
/s (abcd) def
/d 10 dict def
d /x 25 put
a               length          ⇒           3
s               length          ⇒           4
d               length          ⇒           1
/ps             length          ⇒           2
```

---

lineto		Linie definieren
x y	**lineto** ⇒	-

Eine Linie wird, beginnend mit dem aktuellen Punkt und endend bei den Koordinaten »x,y«, an den aktuellen Pfad angehängt. Der aktuelle Punkt ist hinterher der Endpunkt der neuen Linie.

```
100 100 moveto % Startpunkt und
200 200 lineto % Endpunkt der Linie.
```

---

ln		Logarithmusfunktion
Zahl1	**ln** ⇒	*Zahl2*

Ermittelt den Logarithmus der »Zahl1« zur Basis »e«.

```
47              ln              ⇒           3.85015
```

---

load		Wert suchen
Schlüssel	**load** ⇒	*Wert*

Der Befehl »load« durchsucht, von oben beginnend, alle Dictionaries auf dem »dictstack« nach dem angegebenen »Schlüssel«. Sobald der Schlüssel gefunden ist, wird der unter diesem Namen abgelegte Wert auf dem Stack gespeichert und die Suche abgebrochen. Wird der Schlüssel nicht gefunden, wird der Fehler »undefined« erzeugt.

Der Unterschied von »Name« zu »/Name load« besteht darin, daß im ersten Fall der gefundene Wert automatisch durch »exec« ausgeführt wird.

```
/Quad { dup mul } def
3 Quad                      ⇒               9
3 /Quad         load        ⇒       3 { dup mul }
```

Display PS

lock		Prozess-Lock
-	**lock** ⇒	*Lock*

Display PS

Der Befehl »lock« liefert ein freies Objekt vom Typ »lock«. Das Objekt ist mit dem Wert »free« initialisiert.

---

log

			Logarithmusfunktion
Zahl1	**log**	⇒	*Zahl2*

Ermittelt den Logarithmus der »Zahl« zur Basis »10«.

```
47              ln              ⇒              1.6721
```

```
% Feststellen, wieviele Stellen eine Zahl hat
/i 4711 def
...
i dup log cvi 1 add string cvs
```

---

loop

			Endlos-Schleife
Prozedur	**loop**	⇒	-

Die als Argument verlangte Prozedur wird von dem Befehl
»loop« solange ausgeführt, bis innerhalb der Prozedur der
Befehl »exit« oder im Fehlerfall der Befehl »stop« ausgeführt
wird.

```
/Index 0 def     % Laufvariable
{ Index 100 ge % Endebedingung
  { exit } if  % Abbruch bei »true«
  /Index Index 1 add def
} loop
```

---

lt

			Kleiner?
Zahl1 Zahl2	**lt**	⇒	*Boolean*
String1 String2	**lt**	⇒	*Boolean*

Zwei Zahlen oder zwei Strings können durch den Befehl »lt«
miteinander verglichen werden. Die Antwort auf dem Stack ist
»true«, falls das erste Argument kleiner als das zweite
Argument ist. Die Strings werden zeichenweise anhand der
ASCII-Werte verglichen.

```
2.3 3            lt            ⇒            false
(ab) (ac)        lt            ⇒             true
(aba) (ab)       lt            ⇒            false
```

---

makefont

			Font Scalieren
Font Matrix	**makefont**	⇒	*Font'*

Das »Font« wird anhand der »Matrix« transformiert und als
neues Font wieder auf den Stack zurückgelegt. Mit diesem
Befehl können gestauchte, gestreckte oder auch gekippte
Schriftbilder erzeugt werden.

```
/Helvetica findfont   % Ursprungsfont holen,
[20 0 0 10 0 0]       % auf X=10 Pt. und
makefont              % Y=10 Pt. scalieren
setfont               % und aktivieren
100 100 moveto
(Test) show                        Test
```

Level 2	**makepattern**		Pattern Definieren	Level 2
	Dictionary Matrix	**makepattern** ⇒	*Pattern*	

Das angegebene Dictionary wird überprüft, die Matrix mit der aktuellen Transformation multipliziert und ein Pattern erzeugt. Ein Beschreibung der Pattern befindet sich in Kapitel 4.

mark		Markierung erzeugen
-	**mark** ⇒	*Marke*

Mit dem Befehl »mark« wird eine Markierung auf dem Stack erzeugt.

```
mark            % Position auf dem Stack merken
.....           % Beliebige Befehle
cleartomark     % Leichen vom Stack entfernen
```

matrix		Neue Matrize erzeugen
-	**matrix** ⇒	*Matrix*

Ein neues Array mit der Länge sechs wird erzeugt und mit der Identitätsmatrize gefüllt.

```
-        matrix      ⇒      [1. 0. 0. 1. 0. 0.]
```

maxlength		Dictionary-Kapazität
Dictionary	**maxlength** ⇒	*Integer*

Das maximale Fassungsvermögen des angegebenen Dictionaries zu dem Zeitpunkt des Aufrufs von »maxlength« wird auf dem Stack hinterlegt. In Level 2 ist zu beachten, daß Dictionaries je nach Bedarf dynamisch wachsen können.

```
/D 10 dict def
D            maxlength      ⇒      10
```

mod		Modulo
Integer1 Integer2	**mod** ⇒	*Integer3*

Die ganze Zahl »Integer1« wird durch die Zahl »Integer2« ganzzahlig dividiert und als Ergebnis der Divisionsrest »Integer3« auf dem Stack gespeichert.

```
7 3          mod      ⇒      1
```

<table>
<tr><td>Display PS</td><td>monitor</td><td></td><td>Semaphor-Exec</td><td>Display PS</td></tr>
<tr><td></td><td>Lock Prozedur</td><td>monitor</td><td>⇒</td><td>-</td></tr>
</table>

Wenn das Semaphor »lock« nicht frei ist, wird solange gewartet, bis dieses frei wird. Anschließend wird die Prozedur ausgeführt.

<table>
<tr><td>moveto</td><td></td><td>Punkt anfahren</td></tr>
<tr><td>x y</td><td>moveto</td><td>⇒</td><td>-</td></tr>
</table>

Der aktuelle Punkt wird auf den Wert »x,y« gesetzt.

```
100 200 moveto   % Punkt x=100, y=200 anfahren
```

<table>
<tr><td>mul</td><td></td><td>Multiplikation</td></tr>
<tr><td>Zahl1 Zahl2</td><td>mul</td><td>⇒</td><td>Zahl3</td></tr>
</table>

Die »Zahl1« wird mit der »Zahl2« multipliziert und das Ergebnis »Zahl3« auf dem Stack gespeichert.

```
3 7              mul        ⇒              21
3. 7             mul        ⇒              21.
```

<table>
<tr><td>ne</td><td></td><td>Prüfe Ungleichheit</td></tr>
<tr><td>Beliebig1 Beliebig2</td><td>ne</td><td>⇒</td><td>Boolean</td></tr>
</table>

Mit dem Befehl »ne« werden die obersten beiden Einträge des Stacks miteinander verglichen. Sind sie identisch, wird der logische Wert »false« auf den Stack gelegt, ansonsten der Wert »true«. Strings und Namen werden zeichenweise verglichen und können auch gemischt verglichen werden.

```
3 3.0            ne         ⇒              false
(ab) (bc)        ne         ⇒              true
(ab) /ab         ne         ⇒              false
```

<table>
<tr><td>neg</td><td></td><td>Negiere</td></tr>
<tr><td>Zahl1</td><td>neg</td><td>⇒</td><td>Zahl2</td></tr>
</table>

Die »Zahl1« wird negiert und als »Zahl2« wieder auf den Stack gelegt.

```
8                neg        ⇒              -8
-8.2             neg        ⇒              8.2
```

---

newpath   Pfad löschen

| - | **newpath** | ⇒ | - |

Der aktuelle Pfad wird gelöscht.

```
% Soll nach einer Textausgabe ein Kreis
% gezeichnet werden soll, ergibt sich das
% Problem, daß der Befehl »arc« eine Linie
% vom aktuellen Punkt (Textende) zum Startpunkt
% des Kreises zieht. Hier eine mögliche Lösung:
100 100 moveto
/Helvetical findfont 12 scalefont setfont
(Hier ist ein Kreis) show
newpath . % Akt. Pfad und akt. Punkt löschen.
200 200 100 0 360 arc fill
showpage
```

---

noaccess   Kein Zugriff

| *SPADF* | **noaccess** | ⇒ | *SPADF* |

Das Objekt im Argument zu »noaccess«, das von Typ String, Packedarray, Array, Dictionary oder File sein kann, wird mit dem Attribut »noaccess« versehen. Dieses Objekt kann dann von PostScript-Programmen nicht mehr gelesen oder ausgeführt werden. Solche Objekte sind für PostScript-interne Zwecke sinnvoll.

---

not   Logisch negieren

| *Boolean1* | **not** | ⇒ | *Boolean2* |
| *Integer1* | **not** | ⇒ | *Integer2* |

In ersten Fall wird der logische Wert negiert, also der Wert »true« in »false« gewandelt und umgekehrt. Im zweiten Fall wird von der ganzen Zahl »Integer1« das Einerkomplement gebildet und als »Integer2« wieder auf den Stack gelegt.

```
false            not              ⇒              true
25               not              ⇒              -26
```

Display PS

notify   Prozesse fortsetzen

| *Bedingung* | **notify** | ⇒ | - |

Display PS

Alle Prozesse, die auf die »Bedingung« warten, werden veranlaßt, das Warten aufzugeben.

null	Null Objekt
- **null** ⇒	*Null*

Mit dem Befehl »null« wird auf dem Stack ein Null-Objekt erzeugt.

```
% Belegung eines Eintrags in einem Array prüfen.
/A 10 array def
A 2 /xy put      % Einen Eintrag belegen
....
A 1 get null eq % Mit Null-Objekt vergleichen
{ (Leer) print } if
```

nulldevice	Gerät »Schwarzes Loch«
- **nulldevice** ⇒	-

Ein Ausgabegerät, das keine Ausgabe erzeugt, wird als Ausgabegeät installiert.

or	Oder-Verknüpfung
Boolean1 Boolean2 **or** ⇒	*Boolean3*
Zahl1 Zahl2 **or** ⇒	*Zahl3*

Abhängig davon, ob die beiden geforderten Argumente zwei logische Werte oder zwei ganze Zahlen sind, wird im ersten Fall eine logische Oder-Verknüpfung durchgeführt und als Ergebnis der dabei entstehende logische Wert auf den Stack geschrieben. Im anderen Fall werden die beiden Zahlen bitweise miteinander durch die Oder-Funktion verknüpft und anschließend die dabei entstehende Zahl auf den Stack gelegt.

```
true true           or      ⇒      true
false true          or      ⇒      true
2#1100 2#0111       or      ⇒      7
23 15               or      ⇒      31
```

packedarray	Packedarray erzeugen
... N **packedarray** ⇒	*Packedarray*

Ein neues komprimiertes Array mit der angegebenen Anzahl »N« Einträge wird erzeugt, mit den »N« oberen Stackeinträgen gefüllt und auf den Stack gelegt. Das neue *gepackte* Array ist schreibgeschützt.

```
1 2 3 3        packedarray      ⇒      [1 2 3]
```

---

pathbbox	Pfadausdehnung
- **pathbbox** ⇒	*LUx LUy ROx ROy*

Die Ausdehnung des aktuellen Pfades in horizontaler und vertikaler Richtung wird durch den Befehl »pathbbox« festgestellt. Als Antwort liefert der Befehl die Koordinaten der linken unteren Ecke (LUx,LUy) und der rechten oberen Ecke (ROx,ROy) eines Rechteckes, das alle Punkte des aktuellen Pfades umschließt.

In Level 2 werden davon abweichend die Einstellungen des Befehl »setbbox« zurückgegeben, wenn dieser Befehl verwendet wurde.

```
% Beispiel: String mit schwarzem Hintergrund
/Times-Bold findfont 24 scalefont setfont
200 200 moveto
(T) true charpath   % Textoutline besorgen
pathbbox            % Pfadausdehnung feststellen
gsave               % Textoutline merken
  newpath           % Leer für die Box
  % Im folgenden wird aus »LUx LUy ROx ROy«
  % »LUx LUy ROx LUy ROx ROy LUx ROy«
  1 index 3 index 4 2 roll 5 index 1 index
  moveto lineto lineto lineto
  closepath         % Box schließen
  0 setgray         % Schwarz füllen
  gsave             % Box retten
    10 setlinewidth
    stroke          % Box umreißen
  grestore          % Box restaurieren
  fill              % Box füllen
grestore            % Textoutline
1 setgray fill      % Text zeichen
showpage
```

---

pathforall	Pfad bearbeiten
Pmove Pline Pcurve Pclose **pathforall** ⇒	-

Der aktuelle Pfad wird Element für Element durch den Befehl »pathforall« mit einer der vier Prozeduren bearbeitet. Ein Pfad ist aus vier Grundelementen zusammengesetzt, für die jeweils eine eigene Prozedur zuständig ist. Die Grundelemente sind »move«, »line«, »curve« und »close«. Der Aufruf der Prozeduren erfolgt nun dergestalt, daß die Parameter, die für den entsprechenden Befehl notwendig waren, vor der Ausführung auf den Stack gelegt werden.

Wenn in dem aktuellen Pfad Teile eines geschützen Fonts enthalten sind, ist die Anwendung des Befehls »pathforall« gesperrt.

```
% Im folgenden wird ein Pfad erzeugt und jeder
% Punkt des Pfades mit einem ⊕ markiert.
/Kreuz { % mit (x,y) auf dem Stack
  gsave
    newpath % Damit »stroke« nicht schmiert.
    2 copy         % Für »arc« merken
    moveto         % Punkt anfahren
```

```
  5 0 360 arc % Kreis ziehen
  -10 0 rlineto
  5 -5 rmoveto 0 10 rlineto
  0.05 setlinewidth stroke
 grestore
 } def
% Nun der Pfad, den wir uns ansehen wollen.
200 200 moveto
200 200 100 30 330 arc
closepath
% »pathforall«-Prozeduren
{ Kreuz } { Kreuz }
{ Kreuz Kreuz Kreuz } { }
pathforall % Ankreuzen
0.5 setlinewidth
stroke  % Pfad zeichnen
showpage
```

---

pop — Löschen

Beliebig	**pop**	⇒	-

Der oberste Eintrag des Stacks wird gelöscht.

/a /b /c	**pop**	⇒	/a /b

---

print — Ausgeben

String	**print**	⇒	-

Ein String wird über den Kanal »standard output« ausgegeben.

```
/str 40 string def     % Leerstring
userdict               % Als Beispiel
{  exch str cvs print  % Schlüssel ausgeben
   == }                % Wert ausgeben
forall                 % Alle Einträge bearbeiten.
```

Level 2

printobject — Binäre Objekte ausgeben

Objekt Tag	**printobject**	⇒	-

Eine Sequenz binärer Objekte wird über der »standard output«
Kanal ausgegeben.

Level 2

product — Produktname

-	**product**	⇒	*String*

Der Name der Gerätes, auf dem der PostScript-Interpreter
implementiert ist, wird ausgegeben.

–	**product**	⇒	*(LZR 960)*

---

pstack   Stack ausgeben
...	**pstack**	⇒	...

Der gesamte Stack wird mit dem Befehl »pstack« ausgegeben.
Die Ausgabe der einzelnen Stackeinträge erfolgt durch den
Befehl »==«, der von »pstack« aufgerufen wird. Nach der
Ausgabe ist der Stack im gleichen Zustand wie zuvor.

---

put   Element einfügen
SAD Platz Wert	**put**	⇒	-

Mit dem Befehl »put« kann direkt in einen String, ein Array
oder ein Dictionary ein Element »Wert« eingefügt werden. Der
Platz, an dem dieses geschehen soll, ist im Falle eines
Dictionaries der Schlüssel. Bei Strings oder Arrays bezeichnet
der Index die Position, an der die Eintragung vorgenommen
werden soll.

```
/A 3 array def
/S (ABC) def
/D 3 dict def
A 0 /x put % [/x -null- -null-]
A 2 /z put % [/x -null- /z]
S 2 69 put % (ABE)
D /x 123 put
```

---

putinterval   Bereich überschreiben
AS1 Index AS2	**putinterval**	⇒	-

Bei Arrays und Strings lassen sich ganze Bereiche durch den
Befehl »putinterval« ersetzen. Der Startpunkt zum
Überschreiben wird von dem »Index« vorgegeben. Der Inhalt
des Arrays bzw. Strings »AS2« wird beginnend an der Position
»Index« in das Array bzw. den String »AS1« kopiert. Bei
Arrays kann der Wert für AS2 auch ein »packed array« sein.

```
/A [1 2 3 4 5] def
/S (ABCDEF) def
A 2 [/a /b] putinterval % A = [1 2 /a /b 5]
S 1 (xyz) putinterval   % S = (AxyzEF)
```

---

quit   Programmende
-	**quit**	⇒	-

Der Arbeit des Interpreters wird beendet. Das führt meist zu
einem Neustart des Druckers. Da das normalerweise nicht
sinnvoll ist, wurde in der »userdict« der Befehl »quit« in den
Befehl »stop« umdefiniert.

rand   Zufallszahl

-	**rand**	⇒	*Integer*

Eine Zufallszahl wird auf den Stack gelegt.

```
-          rand        ⇒        462377
-          rand        ⇒        23411
```

rcheck   Lesbar

SPADF	**rcheck**	⇒	*Boolean*

Der logische Wert »true« wird zurückgegeben, wenn das Objekt (String, Packedarray, Array, Dictionary oder File) lesbar ist. Andernfalls ist »false« auf dem Stack zu finden.

```
(1)             rcheck     ⇒       true
(1) executeonly rcheck     ⇒       false
```

rcurveto   Relative Bezierkurve

dx1 dy1 dx2 dy2 dx3 dy3	**rcurveto**	⇒ -

Der Befehl »rcurveto« ist die relative Variante des Befehls »curveto«. Die Koordianten für die drei Kontrollpunkte sind hier relativ zum aktuellen Punkt, der auch gleichzeitig der erste Kontrollpunkt der Bezierkurve ist.

read   Ein Byte lesen

File	**read**	⇒	*Integer true*
File	**read**	⇒	*false*

Mit dem Befehl »read« wird versucht, das nächste verfügbare Zeichen von dem »File« zu lesen. Ist das geglückt, befindet sich das eingelesene Zeichen als Zahl zwischen 0 und 255 sowie der logische Wert »true« als Hinweis, das ein Zeichen eingelesen wurde, auf dem Stack. Wurde hingegen das Ende des Datenstroms »File« erkannt, wird nur der logische Wert »false« auf dem Stack hinterlassen.

```
% Alle Zeichen aus der Datei »xy« lesen.
/stream (xy) (r) file def
{ stream read { == } { exit } ifelse } loop
```

readhexstring   Hexdaten lesen

File String1	**readhexstring**	⇒	*String2 Boolean*

Über den Kanal »File« wird versucht, Daten in hexadezimaler Form in den »String1« einzulesen, bis entweder der String ganz mit Daten gefüllt oder das Ende des Datenstroms (EOF) erreicht ist. Das Ergebnis des Befehls »readhexstring« ist ein möglicherweise nur teilweise gefülltes »String2« und ein logischer Wert, der bei Erreichen des Endes des Datenstroms

den Wert »false«, ansonsten den Wert »true« hat. Konnte kein
neues Zeichen in den String eingelesen werden, ist die Länge
von »String2« »0« (siehe auch »image«).

---

readline			Zeile lesen
File String1	**readline**	⇒	*String2 Boolean*

Mit dem Befehl »readline« wird von dem angegebenen
Datenstrom »File« eine Zeile in den »String1« eingelesen.
Dieser String muß lang genug sein, die Zeile, die mit »Carriage
Return« oder »Linefeed« abgeschloßen ist, zu fassen.
Ansonsten wird der Fehler »rangecheck« ausgeführt.

Das Ergebnis ist ein String mit den Länge der Zeile ohne den
Zeilenabschluß und ein logischer Wert, der bei Dateiende
»false«, ansonsten »true« ist.

```
% Mit diesem Beispiel wird der nach dem Befehl
% »loop« stehende Text bis zum Dateiende oder
% bis zu einer Zeile mit einem ».« am Anfang
% zu Papier gebracht.
/str 256 string def % Leerstring
/Punkt (.) 0 get     % ASCII-Kode von ».«
/NL { ... } def      % siehe »currentpoint«
/do_exit {           % Endebehandlung
   showpage exit } def
{ currentfile str readline % Lesen
   not { do_exit } if       % EOF auswerten
   dup 0 get Punkt eq       % Punkt?
   { pop do_exit } if       % Abbruch
   show NL                  % Ausgeben
   } loop
Diese Zeile wird gedruckt
. Und diese nicht mehr
```

---

readonly			Nur Lesen
SPADF	**readonly**	⇒	*SPADF*

Dem Objekt, das vom Typ String, Packeckedarray, Array,
Dictionary oder File sein kann, wird das Attribut
»Beschreibbar« entzogen. Wenn das Objekt ein Dictionary war,
sind alle Instanzen dieses Dictionaries schreibgeschützt.

---

readstring			Zeile lesen
File String1	**readstring**	⇒	*String2 Boolean*

Mit dem Befehl »readstring« werden von dem angegebenen
Datenstrom »File« solange Daten eingelesen, bis der String
gefüllt oder der Datenstrom am Dateiende ist. Das Ergebnis ist
ein String mit den gelesenen Daten und ein logischer Wert, der
bei Dateiende »false«, ansonsten »true« ist. Konnte kein neues
Zeichen in den String eingelesen werden, ist die Länge von
»String2« 0.

<table>
<tr><td>Level 2</td><td>realtime</td><td colspan="2" align="right">Gesamtzeit</td><td>Level 2</td></tr>
<tr><td></td><td>-</td><td>realtime</td><td>⇒   Integer</td><td></td></tr>
</table>

Der Befehl »realtime« legt den Stand der druckerinternen Uhr
auf den Stack. Die Uhr im Drucker hat keinen Bezug zu einer
Zeit in der Realität, sondern dient nur zum Messen von Zeit
durch Differenzbildung. Das Zeitinkrement ist eine Millisekunde.

```
/startzeit realtime def
{ Bearbeite-Daten } loop
(Die Bearbeitung dauerte ) show
realtime startzeit sub   % Millisekunden
1000 div 20 string cvs   % Sekunden in String
show ( Sekunden) show
```

<table>
<tr><td>Level 2</td><td>rectclip</td><td colspan="2" align="right">Rechteckiger Schnitt</td><td>Level 2</td></tr>
<tr><td></td><td>x y Breite Höhe</td><td>rectclip</td><td>⇒   -</td><td></td></tr>
<tr><td></td><td>Array/String</td><td>rectclip</td><td>⇒   -</td><td></td></tr>
</table>

Ein Rechteck mit dem Startpunkt (x,y) und der angegebenen
»Breite« und »Höhe« wird an dem aktuellen Clippfad
geschnitten und anschließend als neuer Clippfad übernommen.

In der zweiten Form des Befehl mit einem Array bzw. String
als Argument können die Koordinaten eines oder mehrerer
Rechtecke in dem Objekt enthalten sein. Beim Array können
die Zahlen direkt angegeben werden, während bei Strings die
Zahlen verschlüsselt sind.

Die Rechtecke werden vor dem Schnitt miteinander verküpft.
Nach dem Ende des Befehls ist der aktuelle Pfad gelöscht.

<table>
<tr><td>Level 2</td><td>rectfill</td><td colspan="2" align="right">Rechtecke Definieren</td><td>Level 2</td></tr>
<tr><td></td><td>x y Breite Höhe</td><td>rectfill</td><td>⇒   -</td><td></td></tr>
<tr><td></td><td>Array/String</td><td>rectfill</td><td>⇒   -</td><td></td></tr>
</table>

Ein Rechteck mit dem Startpunkt (x,y) und der angegebenen
»Breite« und »Höhe« wird gefüllt. In der zweiten Form des
Befehls werden die Koordinaten für ein oder mehrere
Rechtechtecke in einem Array oder einem String erwartet.
Beim Array können die Zahlen direkt angegeben werden,
während bei Strings die Zahlen verschlüsselt sind.

Die Rechtecke werden vor dem Füllen miteinander verküpft.
Der aktuelle Pfad wird nicht zum Füllen herangezogen und
auch nicht verändert.

```
% Zwei Rechtecke auf einen Schlag füllen
0.5 setgray
% x y Breite Höhe
[ 100 100 50 100
  200 200 100 50 ]
rectfill
showpage
```

rectstroke — Rechtecke umreißen

Level 1			Level 2
x y Breite Höhe	**rectstroke**	⇒	-
Array/String	**rectstroke**	⇒	-
x y Breite Höhe Matrix	**rectstroke**	⇒	-
Array/String Matrix	**rectstroke**	⇒	-

Ein Rechteck mit dem Startpunkt (x,y) und der angegebenen
»Breite« und »Höhe« wird mit den aktuellen Parametern
umrissen ('stroked'). In der zweiten Form des Befehls werden
die Koordinaten für ein oder mehrere Rechtechtecke in einem
Array oder einem String erwartet. sein. Beim Array können die
Zahlen direkt angegeben werden, während bei Strings die
Zahlen verschlüsselt sind.

Beide Formen können noch mit einer Transformationsmatrix
ergänzt werden, die nach dem Aufbau der Rechtecke mit der
aktuellen Transformation verküpft wird und auf die Ausführung
des Befehls »stroke« wirkt.

Die Rechtecke werden vor dem Umreißen miteinander verknüpft. Der graphische Zustand wird von dem Befehl nicht
berührt.

```
% Zwei Rechtecke auf einen Schlag umreißen
4 setlinewidth
% x y Breite Höhe
[ 100 100 50 100
  200 200 100 50 ]
[1 0 0 4 0 0]
rectstroke
showpage
```

rectviewclip — Rechteckiger Schnitt

Display PS			Display PS
x y Breite Höhe	**rectviewclip**	⇒	-
Array/String	**rectviewclip**	⇒	-

Ein Rechteck mit dem Startpunkt (x,y) und der angegebenen
»Breite« und »Höhe« wird an dem aktuellen Viewclippfad ge-
schnitten und anschließend als neuer Viewclippfad über-
nommen. In der zweiten Form des Befehls werden die
Koordinaten für ein oder mehrere Rechtechtecke in einem
Array oder einem String erwartet. Beim Array können die
Zahlen direkt angegeben werden, während bei Strings die
Zahlen verschlüsselt sind.

Die Rechtecke werden vor dem Schnitt miteinander verküpft.
Nach dem Ende des Befehls ist der aktuelle Pfad gelöscht.

Level 2

renamefile   Datei umbenennen

String1 String2   **renamefile**   ⇒   -

Die in »String1« angegebene Datei wird in »String2«
umbenannt.

repeat   Schleife

Integer Prozedur   **repeat**   ⇒   -

Die »Prozedur« wird »Integer«-mal ausgeführt.

```
% Ein Gitter Zeichnen
100 100 moveto      % Startpunkt
6                   % Wiederholungsfaktor
{   0  100 rlineto  % Senkrechte Linie ziehen
   20 -100 rmoveto  % Startpunkt nächste Linie
  } repeat
100 100 moveto      % Startpunkt
6                   % Wiederholung
{  100  0 rlineto   % Waagrechte Linie
  -100 20 rmoveto   % Nächste Linie
  } repeat
0.1 setlinewidth stroke
showpage
```

resetfile   Puffer löschen

File   **resetfile**   ⇒   -

Alle Puffer zu dem Datenstrom »File« werden gelöscht und bei
manchen Kanälen wird auch die Kommunikation neu
aufgesetzt.

Level 2

resourceforall   Alle Resourcen bearbeiten

Muster Prozedur String Kategorie   **resourceforall**   ⇒   -

Alle Instanzen einer »Kategorie«, die dem angegebenen
»Muster« entsprechen, werden mit der »Prozedur« bearbeitet.
Dies geschieht, indem jeder gefundene Instanzenname
nacheinander in den String, dem dritten Argument, kopiert
wird. Der so gefüllte »String« wird auf den Stack gelegt und
die Prozedur ausgeführt.
In dem Muster können die folgenden Metasymbole enthalten
sein:

* Ersetzt eine beliebige Anzahl Zeichen.
? Ersetzt ein Zeichen.
\ Fluchtsymbol; wenn '*' oder '?' verlangt werden.
   (Stern=*).

Nach den Instanzen wird nicht nur im Speicher, sondern auch auf den angeschlossenen Geräten gesucht. Im lokalen VM wird allerdings nur gesucht, wenn der Speichermodus auf »local« eingestellt wurde.

```
% Alle verfügbaren Fonts benennen.
(*) { == } 40 string /Font resourceforall
```

Level 2	**resourcestatus**	Status einer Instanz	Level 2
	Schlüssel Kategorie **resourcestatus** ⇒	*Status Größe true*	
	Schlüssel Kategorie **resourcestatus** ⇒	*false*	

Der Zustand der Instanz, die unter dem »Schlüssel« in der angegebenen »Kategorie« verfügbar ist, wird durch den Befehl »resourcestatus« erforscht. Im einfachsten Fall, in dem keine solche Instanz existiert, wird nur der logische Wert »false« auf dem Stack hinterlassen.

Wenn die Instanz existiert, werden drei Objekte auf dem Stack gespeichert, nämlich der »Status«, die Größe und der logische Wert »true« als Hinweis, daß die Instanz existiert. Die »Größe« gibt an, wieviele Bytes des Speichers (VM) von der Instanz bei Aktivierung verbraucht werden. Kann der Verbrauch nicht vorhergesagt werden, wird hier der Wert »-1« eingetragen.

Der »Status« kann drei Zustände annehmen. Im ersten Fall (Status 0) ist die Instanz im Speicher präsent und kann auch nicht von der Speicherverwaltung gelöscht werden. Im zweiten Fall (Status 1) ist die Instanz zwar auch im Speicher präsent, sie kann aber im Bedarfsfall von der Speicherverwaltung gelöscht werden. Im dritten und letzten Fall (Status 2) ist die Instanz nicht im Speicher präsent, aber auf externen Speichermedien verfügbar.

```
/Helvetica /Font resourcestatus ⇒ 0 -1 true
```

restore		Restaurieren
Saveobjekt	**restore** ⇒	-

Der mit dem »Saveobjekt« verbundene Zustand wird wiederhergestellt. Das »Saveobjekt« ist eine von dem Befehl »save« erzeugte Kennung, die mit dem Zustand zum Zeitpunkt der *Rettung* verbunden ist.

Durch den Befehl »restore« werden die verschiedenen Stacks nicht verändert. Es muß daher dafür Sorge getragen werden, daß sich auf den Stacks keine komplexen Objekte befinden, die zeitlich nach dem »save«-Befehl erzeugt wurden. Ansonsten führt das zum Fehler »invalidrestore«.

reversepath   Pfad umdrehen

| - | **reversepath** | ⇒ | - |

Die Richtung der Pfade wird umgedreht, die Reihenfolge der Teilpfade bleibt aber unverändert.

```
% Mit dem Befehl »reversepath« wird aus einem
% »arc« der Befehl »arcn«.
newpath
200 200 100 0 360 arc
reversepath
250 200 moveto
200 200 50 0 360 arc
fill
showpage
```

revision   Revisionsnummer

| - | **revision** | ⇒ | *Integer* |

Die durch den Befehl »revision« gelieferte Zahl ist die Revisionsnummer des Produktes, auf dem der PostScript-Interpreter abläuft.

| – | *revision* | ⇒ | 6 |

rlineto   Relative Linie

| *dx dy* | **rlineto** | ⇒ | - |

Der Befehl »rlineto« ist die relative Variante des Befehls »lineto«. Durch den Befehl wird eine Linie in der Entfernung (dx,dy) vom aktuellen Punkt an den aktuellen Pfad angehängt.

rmoveto   Relative Bewegung

| *dx dy* | **rmoveto** | ⇒ | - |

Der Befehl »rmoveto« ist die relative Variante des Befehls »moveto«. Durch den Befehl wird der aktuelle Punkt um den Wert (dx,dy) verschoben.

roll   Stack rollen

| *... Bereich Anzahl* | **roll** | ⇒ | - |

Mit dem Befehl »roll« werden eine mit dem Argument »Bereich« festgelegte Anzahl Stackeinträge rotiert. Die Richtung und die Anzahl der Rotationsschritte wird durch das Argument »Anzahl« definiert. Eine positive »Anzahl« schiebt die Stackeinträge aus dem Stack heraus und legt die dann oben herausragenden Elemente wieder von unten in den Stack. Ist die »Anzahl« negativ, werden die Stackeinträge in den Stack hineingeschoben.

```
/a /b /c /d 3 1     roll    ⇒     /a /d /b /c
/a /b /c /d 3 -1    roll    ⇒     /a /c /d /b
/a /b /c /d 4 2     roll    ⇒     /c /d /a /b
```

<table>
<tr><td>Level 2</td><td>rootfont</td><td>Basisfont</td><td>Level 2</td></tr>
<tr><td></td><td>-   rootfont   ⇒   Dictionary</td><td></td><td></td></tr>
</table>

Der Befehl »rootfont« liefert normalerweise das gleiche Ergebnis wie der Befehl »currentfont«. Nur wenn ein »Composite Font« aktiv ist, wird hier statt dessen das Basisfont zurückgegeben.

rotate			rotiere
Winkel	**rotate**	⇒	-
Winkel Matrix	**rotate**	⇒	*Matrix*

Das aktuelle Koordinatensystem wird um den angegebenen Winkel gedreht. Die Drehung erfolgt bei positivem Winkel gegen den Uhrzeigersinn.

In der zweiten Variante wird die Rotation statt auf die aktuelle Transformation auf eine angegebene Transformationsmatrix angewendet. Das Ergebnis der Operation ist anschließend auf dem Stack zu erreichen.

```
/Helvetica findfont 12 scalefont setfont
100 100 moveto
(Gerade ) show
30 rotate
(gedreht) show
-30 rotate
(  Gerade) show
```


round			runden
Zahl1	**round**	⇒	*Zahl2*

Die »Zahl1« wird gerundet und wieder auf den Stack zurückgelegt. Der Typ des Objektes wird nicht verändert.

```
 3.3     round    ⇒     3.0
-3.3     round    ⇒    -3.0
 3.5     round    ⇒     4.0
-3.5     round    ⇒    -3.0
```

rrand		Status des Zufallsgenerators
- **rrand**	⇒	*Integer*

Eine Zahl, die den Status des Zufallsgenerators kennzeichnet, wird zurückgegeben. Mit dieser Zahl läßt sich der Zufallsgenerator zu einem späteren Zeitpunkt durch den Befehl »srand« auf den alten Stand zurücksetzen. Dann produziert er die gleichen *Zufalls*zahlen noch einmal.

---

run		Datei ausführen
String	**run** ⇒	-

Die angegebene Datei »String« auf dem angeschlossenen Massenspeicher wird ausgeführt.

---

save		Zustand retten
-	**save** ⇒	*Saveobjekt*

Der aktuelle Zustand des virtuellen Speichers (VM) wird gesichert und ist durch das »Saveobjekt« auf dem Stack repräsentiert. Mit diesem »Saveobjekt« kann der aktuelle Zustand zu einem späteren Zeitpunkt durch den Befehl »restore« wiederhergestellt werden.

```
/SO save def      % Zustand merken
......            % Verschiedene Aktionen
SO restore        % Alten Zustand wiederherstellen
```

---

scale		scalieren
Sx Sy	**scale** ⇒	-
Sx Sy Matrix	**scale** ⇒	*Matrix*

Das aktuelle Koordinatensystem wird um den Faktor »Sx« in X-Richtung und um dem Faktor »Sy« in Y-Richtung scaliert.

In der zweiten Variante wird die Scalierung statt auf die aktuelle Transformation auf eine angegebene Transformations-matrix angewendet. Das Ergebnis der Operation ist anschließend auf dem Stack zu erreichen.

```
/Helvetica findfont 12 scalefont setfont
100 100 moveto
(Normal  ) show
0.5 4 scale
(gestaucht) show
2 0.25 scale
(  Normal) show
showpage
```

Normal gestaucht **Normal**

---

scalefont		Font scalieren
Font1 Zahl	**scalefont** ⇒	*Font2*

Das um den Faktor »Zahl« in X- und in Y-Richtung scalierte Font »Font1« wird auf den Stack gelegt.

```
/Helvetica findfont 10 scalefont setfont
```

<table>
<tr><td>Level 2</td><td>scheck</td><td align="right">Global-Check</td><td>Level 2</td></tr>
<tr><td></td><td>Beliebig   scheck   ⇒   Boolean</td><td></td><td></td></tr>
</table>

Dieser Befehl ist nur ein anderer Name für den Befehl »gcheck« und wurde aus Kompatibilitätsgründen übernommen.

---

search — String suchen

Str Suchstr	**search**	⇒	*Nachstr Suchstr Vorstr true*
Str Suchstr	**search**	⇒	*Str false*

Mit dem Befehl »search« kann ein String »Suchstr« in einem anderen String »Str« gesucht werden. Ist der Suchstring in dem String enthalten, wird als Antwort der dem Suchstring folgende Stringanteil »Nachstr«, der Suchstring selbst, der vor dem Suchstring befindliche Teil »Vorstr« sowie der logische Wert »true« als Kennzeichen, daß etwas gefunden wurde, auf den Stack gelegt.

Wenn der Suchstring »Suchstr« nicht im String »Str« enthalten ist, wird der String »Str« und der logische Wert »false« auf dem Stack hinterlassen.

```
(Post) (os)    search    ⇒    (t) (os) (P) true
(Post) (xx)    search    ⇒          (Post) false
```

<table>
<tr><td>Level 2</td><td>selectfont</td><td align="right">Font suchen und installieren</td><td>Level 2</td></tr>
<tr><td></td><td>Schlüssel Zahl   selectfont   ⇒   -</td><td></td><td></td></tr>
<tr><td></td><td>Schlüssel Matrix   selectfont   ⇒   -</td><td></td><td></td></tr>
</table>

Der Befehl »selectfont« ist im Prinzip nur die Zusammenfassung der Befehle »findfont«, »scalefont« bzw. »makefont« und »setfont«. Der »Schlüssel« ist hierbei der Fontname.

```
/Helvetica findfont 12 scalefont setfont
% ist identisch mit dem Befehl
/Helvetica 12 selectfont
```

<table>
<tr><td>Level 2</td><td>serialnumber</td><td align="right">Seriennummer</td><td>Level 2</td></tr>
<tr><td></td><td>-   serialnumber   ⇒   Integer</td><td></td><td></td></tr>
</table>

Mit diesem Befehl kann die Seriennummer des Gerätes ausgegeben werden.

Level 2 | **setbbox** | Setze die Boundingbox | **Level 2**
LUx LUy ROx ROy **setbbox** ⇒ -

Die Größe der aktuellen Pfades kann mit dem Befehl
»setbbox« festgesetzt werden. Alle Befehle zum Aufbau des
aktuellen Pfades müssen dann innerhalb des angegebenen
Bereiches liegen. Ist das nicht der Fall, wird der Fehler
»rangecheck« erzeugt. Die BoundingBox bleibt solange gültig,
bis der aktuelle Pfad gelöscht wird. Dies geschieht
beispielsweise durch den Befehl »newpath«.

Die Angabe des Bereiches erfolgt durch die Koordinaten des
linken unteren (LUx,LUy) und des rechten oberen Punktes
(ROx,ROy) eines Rechteckes, das die BoundingBox bildet.

Der eigentliche Sinn des Befehl »setbbox« liegt in seiner
Anwendung im »userpath«. Bei diesen benutzerdefinierten
Pfaden muß der Befehl »setbbox« als erster Befehl angegeben
sein. Nur der Befehl »ucache« darf noch vorher stehen.

```
/Pfad {      % Ein benutzerdefinierter Pfad
   100 100 300 300 setbbox
   200 200 100 0 360 arc
   } cvlit def
0.3 setgray
Pfad ufill    % »userpath« ausführen
showpage
```

Level 2 | **setblackgeneration** | Schwarz-Erzeugung | **Level 2**
Prozedur **setblackgeneration** ⇒ -

Die Prozedur berechnet den Anteil der Farbe Schwarz, der bei
dem Übergang vom RGB-Modell zum CMYK-Modell
verwendet werden soll. Die Anwendung des Befehls
»setblackgeneration« ist stark von dem Zielgerät abhängig und
sollte nicht angewendet werden, wenn Wert auf ein
geräteunabhängiges PostScript-Programm gelegt wird.

---

setcachedevice | Fontcaching-Parameter
Wx Wy LUx LUy ROx ROy **setcachedevice** ⇒ -

Die Dickte und die BoundingBox eines Zeichens werden an die
Fontmaschinerie von PostScript übergeben. Dieser Befehl
findet sich typischerweise in der Prozedur »BuildChar« bzw.
»BuildGlyph« in *Userfonts*.

Level 2 | **setcachedevice2** | Fontcaching-Parameter | **Level 2**
Wx Wy LUx LUy ROx ROy W1x W1y Vx Vy **setcachedevice2** ⇒ -

Der Befehl »setcachedevice2« erlaubt es, zwei Sätze der
Fontmetrik mit einem Befehl an das Font zu übergeben. Die
Dickte (Wx,Wy) und die BoundingBox eines Zeichens sind
gültig, wenn der Writing-Mode des Fonts auf »0« steht. Ist

dieser auf den Wert »1« eingestellt, wird die Dickte mit W1x und W1y angenommen und der Ursprung des Zeichenkoordinatensystems wird um den Vektor (Vx,Vy) verschoben.

---

setcachelimit Maximaler Cache-Bereich

Integer **setcachelimit** ⇒ -

Der maximale Platz, den ein Zeichen im Fontcache einnehmen darf, wird mit dem Befehl »setcachelimit« eingestellt. Die angegebene Zahl gibt den Platz in Bytes an. Wird dieser Wert von einem Zeichen überschritten, wird das Zeichen nicht in den Fontcache eingetragen, muß also bei jeder Referenz wieder neu berechnet werden.

Level 2 **setcacheparams** Cacheparameter setzen Level 2

Marke Größe Compress Limit **setcacheparams** ⇒ -

Während die Größe des gesamten Fontcaches mit dem Argument »Größe« festgelegt wird, gibt der Wert »Compress« an, ab welchem Platzbedarf ein Zeichen komprimiert wird. Die Funktion des Parameters »Limit« ist identisch mit dem Befehl »setcachelimit«, bestimmt also die maximale Größe eines Zeichens im Fontcache.

Die »Marke« wurde eingeführt, damit auch spätere Versionen des Befehls »setcacheparams«, die dann wahrscheinlich weitere Parameter haben werden, mit der aktuellen Implementierung kompatibel bleiben.

---

setcharwidth Zeichendickte

Wx Wy **setcharwidth** ⇒ -

Die Dickte eines Zeichens in einem Font kann mit dem Befehl »setcharwidth« in X- und in Y-Richtung festgelegt werden. Die Anwendung des Befehls »setcharwidth« ist die Alternative zu dem Befehl »setcachedevice«, wenn dieser nicht angewendet werden kann.

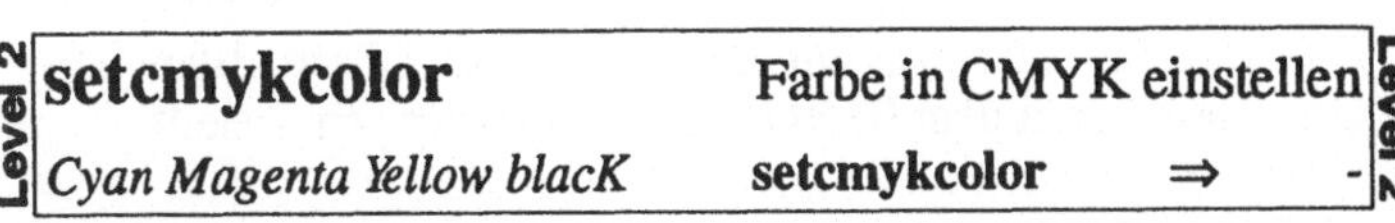

Level 2 **setcmykcolor** Farbe in CMYK einstellen Level 2

Cyan Magenta Yellow blacK **setcmykcolor** ⇒ -

Mit dem Befehl »setcmykcolor« wird das Farbmodell auf CMYK eingestellt und die aktuelle Farbe mit den vier Zahlen auf dem Stack festgelegt. Die Zahlen müssen jeweils im Bereich zwischen 0. und 1. liegen.

setcolor   Farbe einstellen

...   **setcolor**   ⇒   -

Die aktuelle Farbe wird mit dem Befehl »setcolor« eingestellt.
Die Anzahl und die Bedeutung der Argumente ist abhängig
vom eingestellten Farbraum.

setcolorrendering   CIE-Farbe einstellen

Dictionary   **setcolorrendering**   ⇒   -

Die zum Rastern nach dem CIE-Farbmodell benötigten Informationen befinden sich in dem Dictionary auf dem Stack.

setcolorscreen   Farbscreening einstellen

Rotfreq Rotwinkel Rotproc ...   **setcolorscreen**   ⇒   -

Die Frequenz, der Winkel und die Punktfunktion für das
Screening in den Farben Rot, Grün, Blau und Grau wird mit
dem Befehl »setcolorscreen« gesetzt. Der Befehl benötigt
zwölf Argumente mit den drei Einstellungen in jeder Farbe.

setcolorspace   Einstellung des Farbraumes

Array/Name   **setcolorspace**   ⇒   -

Mit dem Befehl »setcolorspace« wird ein Farbraum festgelegt.
Wird zur Festlegung nur der Name des Farbraumes ohne
weitere Parameter benötigt (z.B. DeviceGray oder Device-
RGB), kann der Name direkt als Argument angegeben werden.
Andernfalls ist der Name des Farbraums das erste Element in
dem Array, das dann als Argument erwartet wird. Die
restlichen Elemente im Array sind dann spezifisch für die
Einstellung dieses Farbraums.

```
/DeviceGray setcolorspace
```


setcolortransfer   Transferfunktionen

RotP GrünP BlauP GrauP   **setcolortransfer**   ⇒   -

Die Transferfunktionen für die Farben Rot, Grün, Blau und
Grau werden mit dem Befehl »setcolortransfer« eingestellt.

setdash   Strichelung einstellen

Array Zahl   **setdash**   ⇒   -

Eine Strichelung von Linien läßt sich mit dem Befehl
»setdash« erreichen. In dem ersten Argument wird ein Array

erwartet, in dem sich Längenangaben für die gezeichneten und nicht gezeichneten Anteile der Linie befinden. Die Auswertung der Längen beginnt mit dem gezeichneten Teil und wechselt dann bei jedem Übergang zur nächsten Längenangabe. Ist das Array vollständig bearbeitet, der Linienzug aber noch nicht beendet, wird das Array so oft erneut ausgelesen, bis der Linienzug vollendet ist.

Der Offset gibt eine Strecke vor, die in dem Array schon abgearbeitet wird, bevor das reale Linieren beginnt.

```
% Vier gestrichelte Linien
100 100 moveto 200 0 rlineto
[50] 0 setdash stroke
100 200 moveto 200 0 rlineto
[50] 25 setdash stroke
100 300 moveto 200 0 rlineto
[50 10 5 10] 0 setdash stroke
100 400 moveto 200 0 rlineto
[] 0 setdash stroke
showpage
```

setdevparams — Geräteparameter setzen

Level 2

| *String Dictionary* | **setdevparams** | ⇒ | - |

Level 2

Das im Argument »String« benannte Gerät wird mit den Parametern in dem Dictionary bearbeitet. Nur die in dem Dictionary vorhandenen Schlüssel werden für das Gerät mit dem angegebenen Wert neu zugewiesen.

Damit die Änderungen ausgeführt werden, muß in dem Dictionary ein Schlüssel mit dem Namen »Password« und dem korrekten Passwort vorhanden sein.

setfileposition — Position in Datei

Level 2

| *File Integer* | **setfileposition** | ⇒ | - |

Level 2

Die Position in dem Datenstrom »File« wird auf das mit dem zweiten Argument angegebene Byte, vom Anfang der Datei an gerechnet, eingestellt.

setflat — Vektorisierungsfehler

| *Zahl* | **setflat** | ⇒ | - |

Vor der internen Verarbeitung werden alle Bezierkurven in kleine Geradenstücke unterteilt (vektorisiert). Da die Kurve nur durch eine endliche Zahl Vektoren ersetzt wird, entsteht ein Fehler durch die Distanz von der idealen Kurve zum Ersatzvektor. Die zulässige Größe dieses Fehlers kann mit dem Befehl »setflat« eingestellt werden. Da die Größe des erlaubten Fehlers in Gerätepixeln verlangt wird, ist dieser Befehl in hohem Maße geräteabhängig.

---

setfont   Font aktivieren

Dictionary   **setfont** $\Rightarrow$ -

Das auf dem Stack befindliche Font-Dictionary wird als aktuelles Font eingestellt.

```
/Helvetica findfont 10 scalefont setfont
```

Level 2

setgobal   Global allokieren

Boolean   **setgobal** $\Rightarrow$ -

Mit dem logischen Wert »true« werden neue komplexe Objekte in dem globalen Speicher angelegt. Wenn der logische Wert »false« ist, werden die dem Befehl folgenden komplexen Objekte dem lokalen Speicher entnommen.

---

setgray   Grauwert setzen

Zahl   **setgray** $\Rightarrow$ -

Der Farbraum wird auf »DeviceGray« gesetzt und ein Grauwert im Bereich zwischen 0. und 1. als aktueller Grauwert vom Stack übernommen. Gewöhnlich entsprichen diese Werte Schwarz und Weiß. Das kann aber durch eine entsprechende Transferfunktion auch verändert sein.

Level 2

setgstate   Gstate setzen

Gstate   **setgstate** $\Rightarrow$ -

Der aktuelle graphische Status wird mit dem Zustand des Argumentes »Gstate« überschrieben.

Display PS

sethalftone   Halbton setzen

Dictionary   **sethalftone** $\Rightarrow$ -

Der aktuelle Halbton wird mit dem Inhalt des Argumentes »Dictionary« neu eingestellt.

Level 2

sethalftonephase   Halbtonphase setzen

x y   **sethalftonephase** $\Rightarrow$ -

Die Halbtonphase wird auf die Werte »x,y« eingestellt.

sethsbcolor		Farbton setzen
Ort Satt Weiß	**sethsbcolor**	⇒ -

Die aktuelle Farbe wird in den Werten des »HSB«-Farbmodells gesetzt. »HSB« bedeutet »Hue Saturation Brightness« und entspricht der Position auf dem Farbkreis (Hue), der Farbsättigung (Saturation) und dem Weißanteil (Brightness).

setlinecap		Linienenden setzen
Integer	**setlinecap**	⇒ -

Das aktuelle Linienende kann mit dem Argument »Integer« gerade abgeschnitten (0), mit einem Halbkreis abgerundet (1) oder um die halbe Liniestärke verlängert werden (2).

```
100 100 moveto 200 0 rlineto
0 setlinecap stroke
100 200 moveto 200 0 rlineto
1 setlinecap stroke
100 300 moveto 200 0 rlineto
2 setlinecap stroke
showpage
```

setlinejoin		Linienübergänge setzen
Integer	**setlinejoin**	⇒ -

Die Übergangsstellen zwischen zwei Linien werden abhängig von dem Argument »Integer« gerade verbunden (0), mit einem Kreis abgerundet (1) oder abgeschnitten und glatt aufgefüllt (2).

```
100 150 moveto
50 50 rlineto 50 -50 rlineto
0 setlinejoin stroke
100 150 moveto
50 50 rlineto 50 -50 rlineto
1 setlinejoin stroke
100 100 moveto
50 50 rlineto 50 -50 rlineto
2 setlinejoin stroke
showpage
```

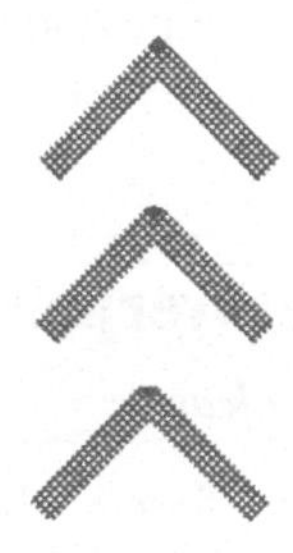

setlinewidth		Linienstärke setzen
Zahl	**setlinewidth**	⇒ -

Die aktuelle Liniestärke wird auf den Wert »Zahl« gesetzt. Ist die Linienstärke mit 0 vorgegeben, wird die dünnstmögliche Linie erzeugt.

setmatrix	Transformation setzen
Array **setmatrix** ⇒	-

Die aktuelle Transformation wird durch den Inhalt des sechs Elemente großen Arrays ersetzt.

setmiterlimit	Stoßspitzen begrenzen
Zahl **setmiterlimit** ⇒	-

Wenn zwei Linien in einem sehr kleinen Winkel aneinander stoßen, wird nach dem Anlegen der Linienstärke eine Spitze entstehen. Die Länge dieser Spitze kann mit dem Befehl »setmiterlimit« begrenzt werden. Die Spitzenlänge wird auf die Linienstärke, dividiert durch den Sinus des halben Öffnungswinkels (in Weltkoordinaten) der betroffenen Linien beschränkt.

Level 2

setobjectformat	Objektformat setzen
Integer **setobjectformat** ⇒	-

Level 2

Das Objektformat, das von den Befehlen »printobjekt« und »writeobjekt« verwendet werden soll, wird mit einer ganzen Zahl zwischen 0 und 4 sowie dem Befehl »setobjectformat« vorgegeben. Das Argument kann die folgenden Werte annehmen:

0 - Binary Encoding ausschalten
1 - Big Endian und IEEE Fließkomma-Format
2 - Little Endian und IEEE Fließkomma-Format
3 - Big Endian und eigenes Fließkomma-Format
4 - Little Endian und eigenes Fließkomma-Format

Level 2

setoverprint	überdrucken
Boolean **setoverprint** ⇒	-

Level 2

Mit diesem »Befehl« werden bei Füllungen die korrespondierenden Flächen auf den anderen Farb-Auszügen gelöscht (»false«) oder aber nicht verändert (»true«).

Level 2

setpacking	Arrays komprimieren
Boolean **setpacking** ⇒	-

Level 2

Die automatische Komprimierung beim Einlesen von Prozeduren {ausführbare Arrays} wird mit dem logischen Wert »true« ein- und mit »false« ausgeschaltet.

setpagedevice

<table>
<tr><td>Level 2</td><td>Dictionary</td><td>setpagedevice</td><td>⇒</td><td>-</td><td>Level 2</td></tr>
</table>

setpagedevice — Ausgabegerät installieren

Dictionary **setpagedevice** ⇒ -

Das Ausgabegerät wird mit den Parametern in dem
»Dictionary« vollständig neu initialisiert.

setpattern — Halbton setzen

Dictionary **setpattern** ⇒ -
... Dictionary **setpattern** ⇒ -

Der Befehl »setpattern« aktiviert das in dem »Dictionary«
angegebene Muster als aktuelle Farbe. Die erste Variante wird
angewendet, wenn der *PaintType* in dem »Dictionary« auf »1«
steht und die zweite Variante bei *PaintType* »2«. Im letzteren
Fall sind die Parameter vor dem Pattern-Dictionary für den
Befehl »setcolorspace« bestimmt. In Kapitel 4 auf Seite 90 ist
ein Beispiel für die Hintergrundmuster abgedruckt.

setrgbcolor — Farbe setzen

Rot Grün Blau **setrgbcolor** ⇒ -

Der Farbraum wird auf »DeviceRGB« und die aktuelle Farbe
auf die Werte der drei Zahlen auf dem Stack gesetzt.

setscreen — Halbton setzen

Frequenz Winkel Prozedur **setscreen** ⇒ -
Zahl1 Zahl2 Dictionary **setscreen** ⇒ -

Die aktuellen Halbton-Parameter werden gesetzt. In der ersten
Variante geschieht dies mit der Frequenz in Linien pro Inch,
dem Winkel und der Prozedur, die die Punktform bestimmt.

Wenn statt der Prozedur ein (Halbton-) Dictionary als drittes
Argument auf dem Stack steht, werden alle Daten aus diesem
Dictionary geholt und die ersten beiden Argumente ignoriert.

setshared — Wie »setglobal«

Boolean **setshared** ⇒ -

Dieser Befehl ist ein Relikt aus frühen Versionen von Display-
PostScript. Die Funktion entspricht dem Befehl »setglobal«.

Level 2 **setstrokeadjust**   Linien justieren **Level 2**

Boolean   **setstrokeadjust**   ⇒   -

Wenn der Befehl »setstrokeadjust« den logischen Wert »true«
auf dem Stack vorfindet, wird bei der Auswertung der
Linienstärke darauf geachtet, daß die Abweichung von der eingestellten Linienstärke maximal einen halben Pixel beträgt.

Level 2 **setsystemparams**   Systemparameter setzen **Level 2**

Dictionary   **setsystemparams**   ⇒   -

Die unter den entsprechenden Schlüsseln in dem »Dictionary«
abgelegten Systemparameter werden geändert. Damit der
Befehl ausgeführt werden kann, muß auch ein Eintrag mit dem
Schlüssel »Password« und dem richtigen Passwort in dem
Dictionary vorhanden sein.

Level 2 **settransfer**   Transferfunktion setzen **Level 2**

Prozedur   **settransfer**   ⇒   -

Die Transferfunktion wird für alle vier Farbkomponenten (Rot,
Grün, Blau und Grau) mit der angegebenen Funktion gesetzt.
Diese Prozedur selbst erwartet eine Zahl zwischen 0. und 1.
und gibt als Antwort ebenfalls eine Zahl zwischen 0. und 1.
zurück.

```
0.2 setgray
100 100 100 100 rectfill
{ 1. exch sub } % Weiß -> Schwarz und umgekehrt
settransfer
0.2 setgray
200 100 100 100 rectfill
```

Level 2 **setucacheparams**   Userpathcache setzen **Level 2**

Marke Integer   **setucacheparams**   ⇒   -

Der Speicherplatz für die Aufnahme eines benutzerdefinierten
Pfades (Userpath) wird auf den angegebenen Wert gesetzt. Da
der Befehl »setucacheparams« später um einige Argumente
erweitert werden soll, wurden die Parameter mit einer »Marke«
begrenzt.

setundercolorremoval — Farbreduktion setzen

Prozedur   **setundercolorremoval**   ⇒   -

(Level 2)

Bei der Umwandlung von den Farbräumen »DeviceRGB« und »DeviceGray« zu »DeviceCMYK« können die Farbwerte durch die Prozedur des Befehls »setundercolorremoval« verändert werden.

setuserparams — Userparameter setzen

Dictionary   **setuserparams**   ⇒   -

(Level 2)

Die unter den entsprechenden Schlüsseln in dem »Dictionary« abgelegten Userparameter werden geändert. In dem Dictionary ist kein Eintrag mit dem Schlüssel »Password« erforderlich.

setvmthreshold — Speichervorlauf setzen

Integer   **setvmthreshold**   ⇒   -

(Level 2)

Der Vorlauf der Speicherreorganisation (engl. *garbage collection*) wird mit dem Befehl »setvmthreshold« gesetzt. Die Reorganisation wird gestartet, wenn »Integer« Bytes seit der letzten Reorganisation neu angefordert wurden.

shareddict — Globaldict holen

-       **shareddict**   ⇒   *Dictionary*

(Level 2)

Dieser Befehl ist ein Relikt aus frühen Versionen von Display-PostScript. Die Funktion entspricht dem Befehl »globaldict« und holt die *globaldict* auf den Stack.

show — String ausgeben

String   **show**   ⇒   -

Die Zeichen in dem »String« werden mit dem Befehl »show« in dem aktuellen Font zu Papier gebracht. Die Erzeugung der Zeichen beginnt am aktuellen Punkt.

```
/Helvetica findfont 12 scalefont setfont
100 100 moveto
(Hallo) show
```

showpage — Seite ausgeben

-       **showpage**   ⇒   -

Durch den Befehl »showpage« wird die aktuelle Seite ausgegeben. Anschließend werden die Befehle »erasepage« und »initgraphics« ausgeführt.

Ab Level 2 wird bei Geräten, die mit »setpagedevice« initialisiert wurden, die Prozedur »EndPage« aufgerufen und nur wenn diese den logischen »true« liefert, die Seite ausgegeben. Weiterhin wird am Ende von »showpage« die Prozedur »BeginPage« aufgerufen. Die Prozeduren »EndPage« und »BeginPage« befinden sich in dem *Devicedictionary*.

Die Anzahl der Seiten, die, mit gleichem Inhalt gefüllt, ausgegeben werden, wird entweder vom Eintrag »NumCopies« in dem *Dictionary* zum Befehl »setpagedevice« oder, falls dieser nicht gesetzt wurde, von der Variablen »/#copies« bestimmt.

---

sin			Sinus
Zahl1	**sin**	⇒	*Zahl2*

Der Sinus des Winkels »Zahl1« wird gebildet und auf den Stack gelegt.

---

sqrt			Quadratwurzel ziehen
Zahl1	**sqrt**	⇒	*Zahl2*

Die Quadratwurzel aus der »Zahl1« wird gezogen und auf den Stack hinterlegt.

---

srand			Zufallsgenerator setzen
Integer	**srand**	⇒	-

Der Zufallsgenerator wird mit der Zahl »Integer« in eine definierte Ausgangsposition gebracht. Diese wurde meist vorher mit dem Befehl »rrand« gewonnen.

---

stack			Stack ausgeben
-	**stack**	⇒	-

Durch den Befehl »stack« werden alle Stackeinträge über den Standardausgabe-Kanal »stdout« ausgegeben. Zum Ausgeben wird intern der Befehl »=« verwendet. Der Stack ist nach der Ausführung des Befehls unverändert.

---

start	Interpreter starten
- **start** ⇒	-

Diese Funktion wird nach dem Einschalten des Druckers zur Initialisierung verwendet. Jede spätere Anwendung des Befehls führt zu katastrophalen Ergebnissen!

<table>
<tr><td>Level 2</td><td>startjob</td><td>Neuen Job starten</td><td>Level 2</td></tr>
<tr><td></td><td colspan="2">Boolean Password   startjob   ⇒   Boolean</td><td></td></tr>
</table>

Wenn der aktuelle Zustand des Interpreters die Kapselung von Aufträgen zuläßt und wenn zudem das »Password« dem »StartJobPassword« in den Systemparametern und der aktuelle Savelevel dem Savelevel bei Beginn des aktuellen Auftrags entspricht, werden die folgenden Aktionen ausgeführt:

Als erstes werden alle Stacks zurückgesetzt. Wenn der aktuelle Job selbst auch gekapselt war, wird zudem der Befehl »restore« ausgeführt.

Im zweiten Schritt wird der Job ausgeführt. War das erste Argument von »startjob« der logische Wert »true«, wird vorher nicht der Befehl »save« aufgerufen und die Änderungen des Jobs bleiben nach dem Ende des Jobs erhalten. War das erste Argument allerdings »false«, wird der Befehl »save« aufgerufen, um den Auftrag zu kapseln.

Im letzten Schritt wird nach der Ausführung des Jobs der logische Wert »true« auf den Stack gelegt. Wenn die Kapselung des Jobs nicht ausgeführt werden konnte, steht statt dessen der logische Wert »false« auf dem Stack.

---

status			Status besorgen
File	**status**	⇒	*Boolean*
String	**status**	⇒	*Pages Bytes Ref Kreiert true*
String	**status**	⇒	*false*

Wenn das Argument ein Datenstrom ist, wird der logische Wert »true« zurückgeliefert, falls der Datenstrom noch geöffnet und gültig ist. Ansonsten ist der logische Wert »false« das Ergebnis des Befehls.

Ist das Argument ein String, wird dieser als Dateiname verwendet und der Status dieser Datei erforscht. Gibt es keine Datei mit diesem Namen, wird nur der logische Wert »false« auf den Stack gelegt. Falls diese Datei aber existiert, wird die Größe der Datei in *Pages* und in *Bytes*, der Zeitpunkt des letzten Zugriffs und der Entstehung sowie der logische Wert »true« auf den Stack gelegt. Alle Zeitangaben sind ohne Bezug zur einer realen Zeit und dienen nur dem Vergleich mit den Zeitangaben von anderen Dateien.

---

statusdict   Statusdictionary holen

| - | **statusdict** | ⇒ | *Dictionary* |

Das Dictionary »statusdict« auf dem Stack ablegen.

---

stop   Stopped-Kontext beenden

| - | **stop** | ⇒ | - |

Der innerste Kontext, der mit einem Befehl »stopped«
verbunden ist, wird abgebrochen. Meistens führt dieser Befehl
zum Abbruch des aktuellen Jobs.

---

stopped   Stopped-Kontext aufbauen

| *Beliebig* | **stopped** | ⇒ | *Boolean* |

Das Argument, das von beliebigem Typ sein kann, aber meist
eine Prozedur ist, wird von dem Befehl »stopped« ähnlich dem
Befehl »exec« ausgeführt. Nach der normalen Ausführung des
Objektes befindet sich der logische Wert »false« zuoberst auf
dem Stack. Nur wenn die Ausführung durch den Befehl »stop«
abgebrochen worden ist, wird der logische Wert »true« als
Indiz hierfür auf den Stack gelegt.

Das Verhalten des Befehls »stopped« läßt sich beispielsweise
dafür nutzen, Fehler in Prozeduren selber abzufangen. Die
Fehlerbehandlung ruft nämlich üblicherweise den Befehl
»stop« auf.

---

store   Objekt speichern

| *Schlüssel Objekt* | **store** | ⇒ | - |

Der Befehl »store« sucht zuerst alle Dictionaries auf dem
Dictionarystack von oben beginnend nach demjenigen Dictionary durch, in dem der »Schlüssel« schon definiert ist. Wird ein
solches Dictionary gefunden, wird in diesem Dictionary dem
»Schlüssel« der Wert »Objekt« zugewiesen. Existiert kein
solches Dictionary, wird die Zuweisung in das aktuelle
Dictionary vorgenommen.

```
/zahl 23 def
/D 10 dict def
D begin
/zahl 25 store % In »userdict« und nicht »D«.
```

---

string   Neuen String anlegen

| *Integer* | **string** | ⇒ | *String* |

Ein neuer String der Länge »Integer« wird angelegt.

stringwidth   Textlaufweite

String   **stringwidth**   ⇒   *Wx Wy*

Die relative Veränderung des aktuellen Punktes, die dieser bei
der Ausgabe von »String« durch den Befehl »show« erfahren
würde, wird mit dem Befehl »stringwidth« berechnet.

```
% In diesem Beispiel soll eine Funktion erstellt
% werden, die einen String um den aktuellen
% Punkt zentriert ausgibt.
/Center {                  % String als Argument
   dup stringwidth pop     % Nur der X-Wert.
   -2. div                 % Die Hälfte davon
   0 rmoveto               % nach links bewegen und
   show                    % hier den Text ausgeben.
   } def
```

```
/Palatino-Roman 12 selectfont  % Nur bei Level 2
100 180 moveto
(Erste Zeile) Center
100 150 moveto
(ab) Center
100 120 moveto
(Dritte Zeile zum Abschlu\373) Center
showpage
```

Erste Zeile

ab

Dritte Zeile zum Abschluß

stroke   Linien ausgeben

-                  **stroke**   ⇒   -

Der aktuelle Pfad wird unter der Beachtung der aktuellen
Linienparameter wie Linienstärke, Linierung und anderen
ausgegeben. Mit dem Befehl »stroke« wird zugleich der
aktuelle Pfad gelöscht.

strokepath   Umrißlinie von »stroke«

-                  **strokepath**   ⇒   -

Die Umrißlinie des Objektes, das bei der Ausführung des
Befehls »stroke« entsteht, wird an den aktuellen Pfad
angehängt. Der nun erzeugte Pfad ist nur für die Befehle »fill«,
»clip« und »pathbbox« sinnvoll zu verwenden, da von dem
Befehl »strokepath« Hilfslinien innerhalb des Objektes erzeugt
werden.

```
% Im folgenden soll gezeigt werden,
% wie ein Pfad, der von »strokepath«
% erzeugt wurde, aussieht.
100 100 moveto
300 500 lineto
1 setlinecap
50 setlinewidth
strokepath
0 setlinecap
0.1 setlinewidth
stroke
showpage
```

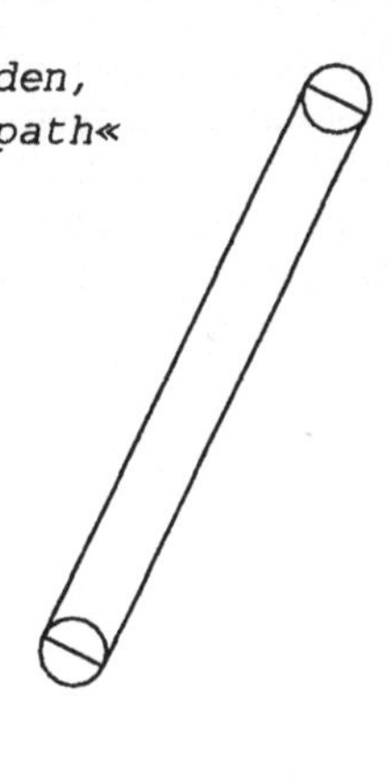

sub			Subtraktion
Zahl1 Zahl2	**sub**	⇒	*Zahl3*

Die »Zahl2« wird von der »Zahl1« abgezogen und das Ergebnis auf dem Stack hinterlassen.

systemdict			Systemdictionary holen
-	**systemdict**	⇒	*Dictionary*

Das Dictionary »systemdict« wird auf den Stack gelegt.

token			Text interpretieren
File	**token**	⇒	*Beliebig true*
File	**token**	⇒	*false*
String	**token**	⇒	*Nachstring Beliebig true*
String	**token**	⇒	*false*

Von der angegebenen Quelle werden Daten eingelesen und vom PostScript-Interpreter analysiert. Wenn die Quelle bereits erschöpft ist und keine neuen Daten mehr verfügbar sind, wird der logische Wert »false« auf dem Stack hinterlassen.

Falls aber noch Daten vorhanden sind, werden diese solange eingelesen, bis ein Objekt gebildet ist. Dieses Objekt kann von beliebigem Typ sein, beispielsweise eine Zahl oder eine Prozedur. Das Objekt, gefolgt von der logischen Variable »true«, ist nach dem Aufruf von »token« auf dem Stack zu finden. War die Quelle ein String, ist vor den beiden Ergebnissen zusätzlich noch der Reststring, der noch nicht interpretiert wurde, auf dem Stack gespeichert.

```
(/a 1)          token       ⇒          (1) /a true
( 1)            token       ⇒          () 1 true
()              token       ⇒                 false
```

transform			Transformieren
x y	**transform**	⇒	*x' y'*
x y Matrix	**transform**	⇒	*x' y'*

Die Koordinaten des Punktes (x,y) werden in die Gerätekoordinaten umgerechnet (x',y') und diese auf dem Stack hinterlegt. Wenn als dritter Parameter zusätzlich noch eine Transformationsmatrix vorhanden ist, wird die Umrechnung mit dieser statt mit der aktuellen Transformationsmatrix vorgenommen.

<table>
<tr><td colspan="3">translate</td><td align="right">verschieben</td></tr>
<tr><td>Tx Ty</td><td>translate</td><td>⇒</td><td align="right">-</td></tr>
<tr><td>Tx Ty Matrix</td><td>translate</td><td>⇒</td><td align="right">Array</td></tr>
</table>

Die aktuelle Transformation wird um den Translationsvektor (Tx,Ty) verschoben. Wenn das drittes Argument eine Transformationsmatrix ist, wird deren Inhalt durch die Zahlen [1. 0. 0. 1. Tx Ty] ersetzt und wieder auf dem Stack gespeichert.

<table>
<tr><td colspan="3">true</td><td align="right">Wahr</td></tr>
<tr><td>-</td><td>true</td><td>⇒</td><td align="right">true</td></tr>
</table>

Der logische Wert »true« wird auf den Stack gelegt.

<table>
<tr><td colspan="3">truncate</td><td align="right">abschneiden</td></tr>
<tr><td>Zahl1</td><td>truncate</td><td>⇒</td><td align="right">Zahl2</td></tr>
</table>

Die Nachkommastellen der »Zahl1« werden abgeschnitten und das Ergebnis wieder auf den Stack zurückgelegt. Das Ergebnis ist vom gleichen Typ wie »Zahl1«.

```
3.6        truncate      ⇒        3.0
-3.6       truncate      ⇒       -3.0
```

<table>
<tr><td colspan="3">type</td><td align="right">Text interpretieren</td></tr>
<tr><td>Beliebig</td><td>type</td><td>⇒</td><td align="right">Name</td></tr>
</table>

Der Typ des Objektes auf dem Stack wird ermittelt und das Objekt durch den Namen seines Typs ersetzt.

```
10 dict    type      ⇒        dicttype
(abc)      type      ⇒      stringtype
[/a /b]    type      ⇒       arraytype
```

<table>
<tr><td>Level 2</td><td colspan="3">uappend</td><td align="right">Userpath anhängen</td><td>Level 2</td></tr>
<tr><td></td><td>Userpath</td><td>uappend</td><td>⇒</td><td align="right">-</td><td></td></tr>
</table>

Der »Userpath« wird ausgeführt und der entstehende Pfad wird an den aktuellen Pfad angehängt.

Level 2	**ucache**	Userpathcache aktivieren	Level 2
-	**ucache**	$\Rightarrow$	-

Der Befehl »ucache« muß, wenn er eingesetzt wird, der erste
Befehl im *Userpath* sein. Er sorgt dafür, daß der *Userpath* bei
seiner ersten Ausführung in dem Cache abgelegt und bei
weiteren Aufrufen aus diesem geholt wird.

```
/Pfad {      % Ein benutzerdefinierter Pfad
   ucache
   100 100 300 300 setbbox
   200 200 100 0 360 arc
   } cvlit def
0.3 setgray
Pfad ufill    % »userpath« ausführen
showpage
```

Level 2	**ucachestatus**	Userpathcachestatus	Level 2
-	**ucachestatus** $\Rightarrow$	*Marke Bgröße Bmax Pgröße Pmax Pgrenze*	

Oberhalb der »Marke« befindet sich nach dem Aufruf von
»ucachestatus« die aktuelle (»Bgröße«) und die maximale
Größe (»Bmax«) des zum Speichern von benutzerdefinierten
Pfaden zur Verfügung stehenden Speichers. Weiterhin wird die
aktuelle (»Pgröße«) und die maximale (»Pmax«) Anzahl der
Pfade im Cache angegeben. Als fünfte und letzte Zahl ist
schließlich noch der maximale Speicher, der von einem
einzelnen Pfad konsumiert werden kann, auf dem Stack zu
finden (»Pgrenze«).

Level 2	**ueofill**	Eofill mit Userpath	Level 2
Userpath	**ueofill**	$\Rightarrow$	-

Der angegebene benutzerdefinierte Pfad »Userpath« wird auf-
grund der *Even-Odd*-Regel gefüllt. Der aktuelle graphische
Status wird von diesem Befehl nicht verändert.

Level 2	**ufill**	Fill mit Userpath	Level 2
Userpath	**ufill**	$\Rightarrow$	-

Der angegebene benutzerdefinierte Pfad »Userpath« wird mit
der *Non-Zero-Winding*-Regel gefüllt. Der aktuelle graphische
Status wird von diesem Befehl nicht verändert.

```
/Pfad {      % Ein benutzerdefinierter Pfad
    ucache
    -6 -6 6 6 setbbox
    0 0 6 0 360 arc
    } cvlit def
100 200 translate    % Startpunkt
0 15 360 {
    dup 2.5 div exch % X-Wert
    sin 40 mul       % Y-Wert
    gsave translate  % Positionieren
    Pfad ufill       % Punkt setzen
    grestore
    } for            % Für alle Winkel
showpage
```

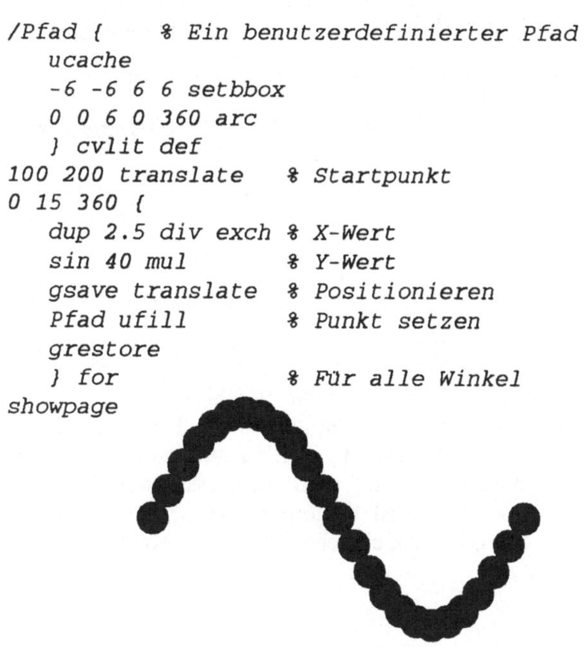

<table>
<tr><td rowspan="2">Level 2</td><td>undef</td><td>Dictionaryeintrag löschen</td><td rowspan="2">Level 2</td></tr>
<tr><td>Dictionary Schlüssel</td><td>undef　　　⇒　　　-</td></tr>
</table>

Der unter dem »Schlüssel« vorhandene Eintrag in dem »Dictionary« wird gelöscht. Falls der Schlüssel nicht existiert, wird kein Fehler erzeugt.

<table>
<tr><td rowspan="2">Level 2</td><td>undefinefont</td><td>Font löschen</td><td rowspan="2">Level 2</td></tr>
<tr><td>Schlüssel</td><td>undefinefont　　　⇒　　　-</td></tr>
</table>

Das unter dem »Schlüssel« vorhandene Font in der Fontdirectory wird gelöscht. Falls kein Font dieses Namens existiert, wird kein Fehler erzeugt.

<table>
<tr><td rowspan="2">Level 2</td><td>undefineresource</td><td>Instanz löschen</td><td rowspan="2">Level 2</td></tr>
<tr><td>Schlüssel Kategorie</td><td>undefineresource　　　⇒　　　-</td></tr>
</table>

Die unter dem »Schlüssel« vorhandene Instanz in der »Kategorie« wird gelöscht. Falls der Schlüssel hier nicht existiert, wird kein Fehler erzeugt. Globale Instanzen können nur gelöscht werden, wenn der Speichermodus auf *Global* eingestellt ist. Andernfalls können nur lokale Instanzen eliminiert werden.

Level 2	**undefineuserobject**		Userobjekt löschen	Level 2
	Integer	**undefineuserobject**	⇒	-

Das unter dem Index »Integer« abgelegte *Userobjekt* wird gelöscht.

Level 2	**upath**		Userpfad anlegen	Level 2
	Boolean	**upath**	⇒	*Userpath*

Der aktuelle Pfad wird mit dem Befehl »upath« in einen benutzerdefinierten Pfad umgewandelt. In dem Pfad dürfen keine mit »charpath« erzeugten Elemente auftauchen. Der aktuelle graphische Zustand wird nicht verändert. Mit dem Argument »Boolean« wird vorgegeben, ob (*true*) der Befehl »ucache« in den *Userpath* eingebaut wird oder ob nicht (*false*).

userdict		Userdict holen
-	**userdict** ⇒	*Dictionary*

Das Dictionary *userdict* wird auf den Stack gelegt.

Level 2	**UserObjects**	Benutzerdefinierte Objekte holen	Level 2
	-	**UserObjects** ⇒ *Array*	

Das Array »UserObjects« wird auf den Stack gelegt. Wenn noch kein benutzerdefiniertes Objekt mit dem Befehl »defineuserobject« angelegt wurde, existiert der Eintrag »UserObjects« nicht und der Aufruf von »UserObjects« führt zum Fehler »undefined«.

usertime		Bearbeitungszeit
-	**usertime** ⇒	*Integer*

Die aktiv verbrachte Zeit des Interpreters wird auf den Stack gelegt. Der Zeitzähler im Drucker läuft frei ohne jeden Bezug zu einer realen Zeit. Er dient nur zum Messen von Zeit durch Differenzbildung. Das Zeitinkrement ist eine Millisekunde.

```
/startzeit usertime def
{ Bearbeite-Daten } loop
(Die Bearbeitung dauerte ) show
usertime startzeit sub   % Millisekunden
1000 div 20 string cvs   % Sekunden in String
show ( Sekunden) show
```

<table>
<tr><td rowspan="3">Level 2</td><td>ustroke</td><td></td><td colspan="2">Userpfad »stroken«</td><td rowspan="3">Level 2</td></tr>
<tr><td>Userpath</td><td>ustroke</td><td>⇒</td><td>-</td></tr>
<tr><td>Userpath Matrix</td><td>ustroke</td><td>⇒</td><td>-</td></tr>
</table>

Führt auf dem benutzerdefinierten Pfad »Userpath« die Operation »stroke« durch. In der zweiten Form wird nach dem Festlegen der Pfade und vor dem Anlegen der Linienstärke und der Strichelung die aktuelle Transformation mit der »Matrix« verknüpft.

```
/Pfad {       % Ein benutzerdefinierter Pfad
   ucache
   -4 -4 4 4 setbbox
   0 0 4 0 360 arc
   -4 0 moveto 4 0 lineto
   0 -4 moveto 0 4 lineto
   } cvlit def
0.1 setlinewidth
100 200 translate    % Startpunkt
0 15 360 {
   dup 2.5 div exch % X-Wert
   cos 40 mul       % Y-Wert
   gsave translate  % Positionieren
   Pfad ustroke     % Punkt setzen
   grestore
   } for
showpage
```

<table>
<tr><td rowspan="3">Level 2</td><td>ustrokepath</td><td></td><td colspan="2">Umriß des Userpfades</td><td rowspan="3">Level 2</td></tr>
<tr><td>Userpath</td><td>ustrokepath</td><td>⇒</td><td>-</td></tr>
<tr><td>Userpath Matrix</td><td>ustrokepath</td><td>⇒</td><td>-</td></tr>
</table>

Auf dem benutzerdefinierten Pfad »Userpath« wird die Operation »strokepath« durchgeführt. In der zweiten Form wird nach dem Festlegen der Pfade und vor dem Anlegen der Linienstärke und der Strichelung die aktuelle Transformation mit der »Matrix« verknüpft. Das Ergebnis, die Outline des gestrokenen *Userpaths*, wird als aktueller Pfad übernommen.

<table>
<tr><td colspan="3">version</td><td>Versionsnummer</td></tr>
<tr><td>-</td><td>version</td><td>⇒</td><td>String</td></tr>
</table>

Die Versionsnummer des laufenden PostScript-Interpreters wird als String auf dem Stack gespeichert.

```
-           version        ⇒        (2010.106)
```

<table>
<tr><td>Display PS</td><td>viewclip</td><td>Viewclippfad setzen</td><td>Display PS</td></tr>
<tr><td>-</td><td>viewclip</td><td>⇒   -</td><td></td></tr>
</table>

In Display-PostScript wird der Viewclippfad durch den aktuellen Pfad ersetzt. Der Viewclippfad ist unabhänging vom normalen Clippfad. Der Befehl »viewclip« löscht im Gegensatz zu dem Befehl »clip« den aktuellen Pfad.

<table>
<tr><td>Display PS</td><td>viewclippath</td><td>Viewclippfad holen</td><td>Display PS</td></tr>
<tr><td>-</td><td>viewclippath</td><td>⇒   -</td><td></td></tr>
</table>

In Display-PostScript wird der aktuelle Pfad durch den Viewclippfad ersetzt.

<table>
<tr><td>Level 2</td><td>vmreclaim</td><td>Speicherverwaltung kontrollieren</td><td>Level 2</td></tr>
<tr><td></td><td>Integer   vmreclaim</td><td>⇒   -</td><td></td></tr>
</table>

Die automatische Speicherverwaltung, die verbrauchte Speicherbereiche wieder regenerieren kann, wird durch den Befehl »vmreclaim« kontrolliert. Mit dem Argument »Integer« können folgende Einstellungen vorgenommen werden:

-2 Die automatische Speicherverwaltung wird ausgeschaltet.

-1 Die automatische Speicherverwaltung im lokalen VM wird ausgeschaltet.

 0 Die automatische Speicherverwaltung wird eingeschaltet.

 1 Eine sofortige Befreiung unbenutzten Speichers im lokalen VM wird durchgeführt.

 2 Eine sofortige Befreiung unbenutzten Speichers im lokalen und globalen VM wird durchgeführt. Diese Aktion kann einige Zeit in Anspruch nehmen.

Die Anwendung des Befehls »vmreclaim« sollte auf Spezialzwecke beschränkt bleiben. Sinnvoll ist der Befehl einsetzbar, um Zeitmessungen des Interpreters reproduzierbar zu machen. Auch vor dem Aufruf von »vmstatus« ist die erzwungene Befreiung des Speichers sinnvoll, um den wirklichen Speicherzustand zu erhalten.

<table>
<tr><td>vmstatus</td><td>Speicherzustand ausgeben</td></tr>
<tr><td>-   vmstatus</td><td>⇒   Savelevel Verbrauch Maximum</td></tr>
</table>

Durch den Befehl »vmstatus« wird der aktuelle *Savelevel*, der Umfang verbrauchten Speichers und der maximal verfügbare Speicher auf den Stack gelegt.

    -            **vmstatus**   ⇒   *2 19952 2285184*

wait   Auf Bedingung warten

Lock Kondition   **wait**   ⇒   -

Der aktuelle Prozess gibt das Objekt *Lock* frei und wartet
anschließend auf die Bedingung »Kondition«.

wcheck   Beschreibbar?

SPADF   **wcheck**   ⇒   *Boolean*

Das komplexe Objekt, das vom Typ String, Packedarray, Array,
Dictionary oder File (=SPADF) sein kann, wird auf seine
Beschreibbarkeit überprüft. Der Befehl »wcheck« liefert
»true«, wenn das Objekt beschreibbar ist, ansonsten »false«.

```
systemdict        wcheck          ⇒          false
userdict          wcheck          ⇒          true
```


where   Wo ist der Schlüssel?

Schlüssel   **where**   ⇒   *Dictionary true*
Schlüssel   **where**   ⇒   *false*

Der Befehl »where« durchsucht von oben beginnend alle
Dictionaries auf dem Dictionary-Stack nach dem »Schlüssel«.
Sobald ein Dictionary mit diesem Schlüssel gefunden ist, wird
dieses Dictionary und der logische Wert »true« auf dem Stack
hinterlegt. Ist der Schlüssel in keinem Dictionary auf dem
dictstack vorhanden, wird nur der logische Wert »false«
hinterlassen.

widthshow   Ausgabe mit Korrektur

Cx Cy Integer String   **widthshow**   ⇒   -

Der angegebene String wird durch den Befehl »widthshow«
mit einer Ausnahme genauso ausgegeben, wie das mit dem
Befehl »show« geschieht. Die Ausnahme besteht darin, daß die
Dicke jedes Zeichens im String, dessen ASCII-Kode mit dem
Argument »Integer« übereinstimmt, um die Werte (Cx,Cy)
korrigiert werden.

In Level 2 und bei *Composite Fonts* ist die Zahl »Integer« von
dem »FMapType« abhängig.

write   Zeichen ausgeben

File Integer   **write**   ⇒   -

Über den geöffneten Ausgabestrom »File« wird das Zeichen
mit dem ASCII-Kode »Integer« ausgegeben.

writehexstring
Hex-String ausgeben

File String   **writehexstring**   ⇒   -

Über den geöffneten Ausgabestrom »File« wird der Inhalt des
Strings »String« zeichenweise ausgegeben, wobei vorher jedes
Zeichen in seine hexadezimale, zwei Zeichen umfassende
Repräsentation umgewandelt wird.

Level 2

writeobject
Objekt ausgeben

File Objekt Tag   **writeobject**   ⇒   -

Level 2

Über den geöffneten Ausgabestrom »File« wird das »Objekt«
ausgegeben.

---

writestring
String ausgeben

File String   **writestring**   ⇒   -

Über den geöffneten Ausgabestrom »File« wird der Inhalt von
»String« zeichenweise ausgegeben.

Display PS

wtranslation
Window-Ursprung

-        **wtranslation**   ⇒   *x y*

Display PS

Der Ursprung des aktuellen Fensters wird in Gerätekoordinaten
auf den Stack geschrieben.

---

xcheck
Ausführbar?

Beliebig   **xcheck**   ⇒   *Boolean*

Das Objekt »Beliebig« wird auf seine Eigenschaft getestet,
ausführbar zu sein. Ist dies der Fall, findet sich anschließend
der logische Wert »true« auf dem Stack, ansonsten »false«.

```
systemdict        xcheck        ⇒        false
/add load         xcheck        ⇒        true
```

xor			Exkusiv-Oder-Verknüpfung
Boolean1 Boolean2	**xor**	$\Rightarrow$	*Boolean3*
Zahl1 Zahl2	**xor**	$\Rightarrow$	*Zahl3*

Abhängig davon, ob die beiden geforderten Argumente zwei
logische Werte oder zwei ganze Zahlen sind, wird im ersten
Fall eine logische Exklusiv-Oder-Verknüpfung durchgeführt
und als Ergebnis der dabei entstehende logische Wert auf den
Stack geschrieben. Im anderen Fall werden die beiden Zahlen
bitweise miteinander durch die Exklusiv-Oder-Funktion verknüpft und anschließend die dabei entstehende Zahl auf den
Stack gelegt.

```
true true        xor      ⇒        false
false true       xor      ⇒        true
2#1100 2#0111    xor      ⇒        11
23 15            xor      ⇒        24
```

xshow			X-Dickten-»show«
String Array	**xshow**	$\Rightarrow$	-
String NumString	**xshow**	$\Rightarrow$	-

Der angegebene String wird mit Ausnahme der Dickte wie mit
dem Befehl »show« ausgegeben. Statt der Dickte aus dem Font
wird bei dem Befehl »xshow« die Dickte jedes Zeichens in X-
Richtung in dem zweiten Argument mitgeführt. Die Dickte in
Y-Richtung wird mit 0 angenommen.

```
/Helvetica findfont 20 scalefont setfont
100 140 moveto
(AAAAA) [25 20 15 10 5] xshow
showpage
```

xyshow			XY-Dickten-»show«
String Array	**xyshow**	$\Rightarrow$	-
String NumString	**xyshow**	$\Rightarrow$	-

Der angegebene String wird mit Ausnahme der Dickte wie mit
dem Befehl »show« ausgegeben. Statt der Dickte aus dem Font
wird bei dem Befehl »xyshow« die Dickte jedes Zeichens in X-
Richtung und in Y-Richtung in dem zweiten Argument
mitgeführt. Das zweite Argument beinhaltet also doppelt so
viele Zahlen wie der String Zeichen.

```
/Helvetica findfont 20 scalefont setfont
100 140 moveto
(AAAAA) [25 20 20 -20
        15 20 10 -20
         5 20] xyshow
showpage
```

<table>
<tr><td>Display PS</td><td>yield</td><td>Dispatcher aufrufen</td><td>Display PS</td></tr>
<tr><td>-</td><td>yield</td><td>⇒</td><td>-</td></tr>
</table>

Die Ausführung des aktuellen Kontextes wird solange suspendiert, bis alle anderen Kontexte eine Chance erhalten haben, selbst die Kontrolle zu übernehmen.

<table>
<tr><td>Level 2</td><td>yshow</td><td>Y-Dickten-»show«</td><td>Level 2</td></tr>
<tr><td></td><td>String Array   yshow</td><td>⇒</td><td>-</td></tr>
<tr><td></td><td>String NumString   yshow</td><td>⇒</td><td>-</td></tr>
</table>

Der angegebene String wird mit Ausnahme der Dickte wie mit dem Befehl »show« ausgegeben. Statt der Dickte aus dem Font wird bei dem Befehl »yshow« die Dickte jedes Zeichens in Y-Richtung in dem zweiten Argument mitgeführt. Die Dickte in X-Richtung wird mit 0 angenommen.

3 Userfonts

Ein Font ist in PostScript ein Dictionary, die einige fest definierte Einträge aufweisen muß. In der folgenden Tabelle sind die Einträge zusammengefaßt, die bei einem *userfont* vorhanden sein müssen.

FontType   Der *FontType* ist bei *Userfonts* immer 3.

FontMatrix   Unter diesem Eintrag wird die Transformations-matrix erwartet, mit der die Zeichen des Fonts auf einen Schriftgrad von einem Punkt gebracht werden können. Wurden die Zeichen in einer Größe von 100 Picapoint erzeugt, lautet die *FontMatrix* [0.01 0 0 0.01 0 0].

FontBBox   In diesem vier Elemente großen Array sind die Koordinaten der linken unteren und der rechten oberen Ecke des Definitionsbereiches der Zeichen im Font gespeichert.

Encoding   Die Zuordnung der ASCII-Kodes zu den Zeichen-Namen erfolgt durch das 256 Elemente große Array *Encoding*, in dem sich die Schlüssel der Zeichen befinden. Der ASCII-Kode 0 bis 255 wird hierfür als Index in das Array verwendet.

BuildGlyph   Wenn ein Zeichen eines *Userfonts* ausgeben werden soll, dieses Zeichen aber nicht im FontCache vorliegt, werden das Font-Dictionary und der Name des auszugebenden Zeichens auf den Stack gelegt. Anschließend wird die Prozedur »BuildGlyph« aufgerufen, die anhand der beiden Stackeinträge das Zeichen erzeugt.

Die Verwendung der Prozedur »BuildGlyph« zur Erzeugung der Zeichen wurde mit dem Level 2 von PostScript eingeführt. In Level 1 wird der Eintrag »BuildChar« verwendet.

BuildChar Der Eintrag »BuildChar« wird bei PostScript Level 1 zur Erzeugung der Zeichen eingesetzt. Die Funktion ist ähnlich der Prozedur »BuildGlyph« mit dem Unterschied, daß vor Aufruf von »BuildChar« statt des Namens des Zeichens der ASCII-Kodes desselben auf dem Stack zu finden ist. Damit mit »BuildGlyph« definierte *Userfonts* auch auf »Level 1«-Druckern funktionieren, sollte der Eintrag »BuildChar« wie in dem folgenden Beispiel definiert werden:

```
% In dem folgenden Beispiel soll dem ASCII-Kode
% 65 (»A«) ein Viereck und dem Kode 66 (»B«)
% ein Dreieck zugeordnet werden.

/newfont 10 dict def
newfont begin
   /FontType 3 def
   /FontMatrix [0.001 0 0 0.001 0 0] def
   /FontBBox [0 0 1000 1000] def
   /Encoding 256 array def
   0 1 255 { Encoding exch /.notdef put } for
   Encoding 97 /viereck put
   Encoding 98 /dreieck put

   /CharProcs 4 dict def
   CharProcs begin
      /.notdef {} def
      /viereck {
         0 0 moveto 800 0 lineto 800 800 lineto
         0 800 lineto closepath fill
         } def
      /dreieck {
         0 0 moveto 800 0 lineto 400 800 lineto
         closepath fill
         } def
      end
   /BuildChar {
      1 index begin Encoding exch get
      BuildGlyph end
      } bind def
   /BuildGlyph {
      1000 0
      0 0 800 800 setcachedevice
      exch begin
      CharProcs exch get
      end
      exec
      } def
   end
```

```
/Neuesfont newfont definefont pop

/Neuesfont findfont 20 scalefont setfont
100 200 moveto
(abbab) show
showpage
```

4 Pattern

Mit dem Level 2 von PostScript ist es möglich, als aktuelle Farbe zum Füllen von graphischen Objekten ein Muster zu definieren. Ähnlich wie bei Fonts ist die Beschreibung des Objektes in einem Dictionary gespeichert, die einige fest definierte Einträge aufweisen muß. In der folgenden Tabelle sind die Einträge zusammengefaßt, die bei einem *Pattern* vorhanden sein müssen.

PatternType   Der *PatternType* hat immer den Wert »1«.

PaintType   Der Eintrag kann entweder den Wert »1« oder den Wert »2« annehmen. Im ersten Fall wird die Farbe der Muster-Elemente durch Prozedur »PaintProc« selbst bestimmt. Ist der Wert »2«, so wird der gewünschte Farbwert des Musters dem Aufruf von »setcolor« bzw. »setpattern« mitgegeben.

TillingType   Hat dieser Eintrag den Wert »1«, kann die Größe der Zelle auf die nächstliegenden ganzen Gerätekoordinaten angepaßt werden.

Falls der Wert »2« ist, wird keine Anpassung vorgenommen; die linke untere Ecke der Musterzelle liegt aber immer auf einer ganzen Gerätekoordinate, so daß die Verteilung der Zellen etwas unregelmäßig sein kann.

Die dritte und letzte Möglichkeit ist ein »TillingType« mit dem Wert »3«, der ähnlich wie der Wert »1« wirkt, nur daß nun eine Anpassung im Hinblick auf die Geschwindigkeit vorgenommen wird.

BBox   Die Größe der Muster-Zelle wird mit einem vier Elemente umfassenden Array festgelegt. Die vier Werte sind die Koordinaten der linken unteren und der rechten oberen Ecke der Muster-Zelle.

XStep   Der horizontale Abstand, mit dem die Muster-Zellen aneinandergesetzt werden sollen, wird mit dieser Zahl angegeben.

YStep   Der vertikale Abstand, mit dem die Muster-Zellen aneinandergesetzt werden sollen, wird mit dieser Zahl angegeben.

PaintProc   Diese Prozedur dient der Erzeugung der Muster-Zelle. Sie wird aufgerufen, wenn keine entsprechende Muster-Zelle im Cache vorliegt. Vor dem Aufruf wird der graphische Status gerettet und in den Zustand gebracht, der bei der Aktivierung des Musters durch den Befehl »makepattern« herrschte. Anschließend wird das Pattern-Dictionary auf den Stack gelegt und die Prozedur »PaintProc« aufgerufen. Zum Schluß wird der graphische Status wieder restauriert.

```
% In dem folgenden kleinen Beispiel soll ein
% Muster vom Typ 1 angewendet werden.
/Pat_Dict <<
/PaintType 2
/TilingType 1
/PatternType 1
/BBox [5 5 25 25]
/XStep 30
/YStep 30
/PaintProc {
    pop             % Pat_Dict
    15 15 10 0 360 arc fill
    }
>> def

% Mit der folgenden Zeile wird eine Instanz des
% Musters der Variablen »muster1« zugeordnet.
% Der Aufruf des Befehls »matrix« hinterläßt
% die Identitätsmatrize auf dem Stack; das
% Pattern ist also nicht zusätzlich verzerrt.
/muster1 Pat_Dict matrix makepattern def

0.8 setgray
100 100 moveto 180 0 rlineto
0 100 rlineto -180 0 rlineto
closepath
gsave
0.8 setgray
fill
grestore
0.3 muster1 setpattern % Dunkelgraues Muster
fill
190 150 50 0 360 arc
1 muster1 setpattern fill   % Weißes Muster
showpage
```

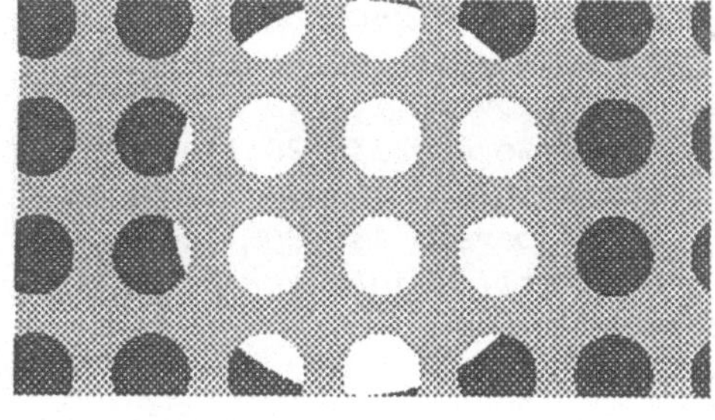

5 Formulare

Bei vielen Anwendungen werden Formulare hinterlegt, die häufig recht komplex sind und normalerweise mit jeder Seite wieder neu aufgebaut werden müßten. Um diese Anwendungen zu beschleunigen, bietet PostScript Level 2 die Möglichkeit, Formulare vorab zu definieren und diese dann in einem Cache abzulegen. Die Definition des Formular befindet sich in einem Dictionary folgenden Inhalts:

FormType   Der *FormType* hat immer den Wert »1«.

Matrix   Mit dieser Matrix kann das Formular transformiert werden.

BBox   Die Größe des Formulars wird mit einem vier Elemente umfassenden Array festgelegt. Die vier Werte sind die Koordinaten der linken unteren und der rechten oberen Ecke des Formulars.

PaintProc   Mit dieser Prozedur wird das Formular erzeugt. Sie wird aufgerufen, wenn kein entsprechendes Formular im Cache vorliegt. Vor dem Aufruf wird der graphische Status gerettet, die Transformation ausgeführt, der Clip-Pfad auf »BBox« gesetzt und der aktuelle Pfad gelöscht. Anschließend wird das Form-Dictionary auf den Stack gelegt und die Prozedur »PaintProc« aufgerufen. Zum Schluß wird der graphische Status wieder restauriert.

```
% In dem folgenden Beispiel wird ein kleines
% Formular definiert und angewendet.

/Karte <<
    /FormType 1
    /BBox [0 0 150 100]     % Größe des Formulars
    /Matrix matrix          % Identitätsmatrix
    /PaintProc {            % Formular erzeugen
      true setstrokeadjust
      1 setgray
      0 0 150 100 rectfill
      0 setgray
      0.1 setlinewidth
      0 0 150 100 rectstroke
      10 60 moveto 140 60 lineto
      10 40 moveto 140 40 lineto
      10 20 moveto 140 20 lineto
      stroke
      10 80 moveto 140 80 lineto
      0.5 setlinewidth stroke
      }
    >> def
```

```
/Helvetica 12 selectfont
100 200 translate
Karte execform
10 82 moveto
(Karte 1) show
-5 -25 translate
Karte execform
10 82 moveto
(Karte 2) show
-5 -25 translate
Karte execform
10 82 moveto
(Karte 3) show

showpage
```

6 Sachwortverzeichnis

PostScript

Eine umfassende Einführung in die Programmierung

von Wilfried Söker

2. Auflage 1991. X, 270 Seiten. Kartoniert. ISBN 3-528-14711-3

PostScript ist den meisten Anwendern nur als Seitenbeschreibungssprache, als DTP-Werkzeug bekannt. Das Buch richtet sich an ambitionierte Einsteiger in PostScript, die über die üblichen Anwendungen hinaus das vollständige Leistungsspektrum der Programmiersprache beherrschen und einsetzen wollen.

Die Schwerpunkte dieses Buches liegen in der Schriftenverarbeitung und in der Dateienverwaltung. Einige der behandelten Themen, zum Beispiel die Erweiterung der eingebauten Schriften, sind hier erstmals in einem Buch beschrieben. Aus diesem Grund ist das Buch auch für den versierten PostScript-Programmierer eine ergiebige Informationsquelle.

Assembler griffbereit

von Joachim Erdweg

1992. XIII, 117 Seiten.
Kartoniert.
ISBN 3-528-05231-7

Dieses Buch der Reihe griffbereit stellt eine systematisch geordnete, nützliche Übersicht vor, die jedem Programmierer eine effektive Arbeitshilfe sein wird.

Mit diesem Buch knüpft der Autor an sein erfolgreiches Assemblerbuch an, das ebenfalls im Verlag Vieweg erschienen ist.

HyperCard griffbereit

Für die aktuellen Versionen 1.25, 2.0 und 2.1

von Karl-Heinz Becker und Michael Dörfler

3., verbesserte Auflage 1992. IV, 97 Seiten. Kartoniert. ISBN 3-528-24653-7

Wer braucht „HyperCard griffbereit"?

- Der erfahrene **Programmierexperte,** der Stackware produziert. HyperCard griffbereit nennt alle Befehle und Tastaturabkürzungen für die jeweils aktuellste HyperCard-Version.
- Der **Gelegenheitsprogrammierer** oder aktive Benutzer des HyperCard-Systems, um nach Schlüssel oder Inhaltsverzeichnis geordnet rasch nachschlagen zu können.
- Der **Kursteilnehmer,** der ergänzend zu den Kursunterlagen die Bedienungshinweise und den Sprachumfang von Hyper-Card stets „griffbereit" am Computersystem verfügbar haben muß.
- Der **Einsteiger,** der bereits über Grundkenntnisse der Bedienung und Programmierung von Computersystemen verfügt.
- Der **Umsteiger,** der die neuen Möglichkeiten von Version 2.0 nutzen möchte.
- Der **Anfänger,** der neben einem Hyper-Card-Lehrbuch auf ein fundiertes und jederzeit aktuelles Nachschlagewerk nicht verzichten möchte.

HyperCard griffbereit ist ein unentbehrliches Nachschlagewerk für alle HyperCard-Nutzer.